AF351968

Después de sufrir un atentado en contra de su ejemplar e intachable carrera profesional, el Ingeniero Israel Laisequilla nos ofrece en esta obra una guía detallada y claramente redactada que nos permite adentrarnos en el mundo de la industria, de la manera tan peculiar como solo el llamado "ingeniero más polémico" logra hacerlo.

INSTRUCCIONES

La información aquí presentada considera el acceso y/o disponibilidad de la información y tecnologías actuales. En caso de requerir más información, formatos y/o ejemplos, su consulta, podría aumentar su confiabilidad gracias a los criterios desarrollados con la obra. Cualquier información adicional, fórmulas y/o videos pueden ser requeridos con el asistente artificial de su preferencia.

La biblia del Ingeniero Industrial

Calidad y Estadística

TALLER DEL INGE

I. LAISEQUILLA

Revisión 1

*Intro del autor agregada, Julio 2024.

A mi esposa

CONTENIDO

CALIDAD AUTOMOTRIZ

ESTADÍSTICA

AGRADECIMIENTOS

Quisiera expresar mi profundo agradecimiento a todos aquellos que han contribuido de manera significativa a la realización de este libro, que representa la culminación de años de dedicación y pasión por el campo de la ingeniería industrial, calidad y estadística.

En primer lugar, mi más sincero agradecimiento va a mi familia, quienes han sido mi principal fuente de apoyo y motivación a lo largo de esta emocionante travesía. Su constante aliento y comprensión han sido fundamentales para superar los desafíos y alcanzar este logro. Este libro es también suyo.

Agradezco de manera especial a mi editor, cuya experiencia, visión y compromiso con la excelencia editorial han dado forma a este proyecto. Su colaboración ha sido invaluable, guiándome con profesionalismo y brindando un enfoque crítico que ha enriquecido enormemente el contenido de estas páginas.

Finalmente, agradezco a los lectores que, con su interés y dedicación, hacen posible que estas ideas cobren vida. Este libro está destinado a ustedes, con la esperanza de que encuentren en sus páginas no solo conocimiento, sino también inspiración para su propio viaje en el mundo de la ingeniería industrial.

Gracias a todos.

Taller del inge

INTRODUCCIÓN A LA CALIDAD INDUSTRIAL

La calidad industrial es un concepto que se ha vuelto cada vez más importante en el mundo de los negocios y la producción. Desde hace varias décadas, las empresas se han dado cuenta de que la calidad de sus productos y servicios es un factor clave para la satisfacción del cliente y la lealtad a la marca. En este capítulo, exploraremos qué es la calidad industrial, por qué es importante y cómo se puede mejorar.

Definición de calidad industrial

La calidad industrial se refiere a la capacidad de una empresa para producir productos y servicios que cumplan con las expectativas del cliente en términos de rendimiento, fiabilidad, durabilidad, seguridad y otros factores importantes. La calidad industrial también implica la capacidad de la empresa para cumplir con los estándares de calidad y seguridad establecidos por las normas industriales y gubernamentales.

La calidad industrial no se limita solo a la producción de bienes y servicios. También se aplica a los procesos de fabricación, las prácticas comerciales y el servicio al cliente. En resumen, la calidad industrial abarca todo lo que una empresa hace para garantizar que sus productos y servicios cumplan con los estándares de calidad y satisfagan las necesidades y expectativas de los clientes.

Importancia de la calidad industrial

La calidad industrial es importante por varias razones. En primer lugar, la calidad es un factor clave para la satisfacción del cliente. Los clientes quieren productos y servicios que funcionen bien, sean duraderos y seguros de usar. Si una empresa no puede proporcionar productos y servicios de calidad, los clientes pueden buscar a otros proveedores que puedan hacerlo.

En segundo lugar, la calidad es un factor clave para la lealtad a la marca. Los clientes que están satisfechos con la calidad de los productos y servicios de una empresa son más propensos a seguir comprando a esa empresa en el futuro. Además, es más probable que recomienden la empresa a otros clientes potenciales.

En tercer lugar, la calidad industrial puede ayudar a las empresas a reducir sus costos. Los productos y servicios de baja calidad pueden ser más propensos a fallar, lo que puede llevar a reparaciones costosas, reemplazos y devoluciones. La calidad industrial también puede ayudar a las empresas a optimizar sus procesos de producción y reducir los residuos y los tiempos de inactividad.

Cómo mejorar la calidad industrial

Hay varias estrategias que las empresas pueden utilizar para mejorar la calidad industrial. En este apartado, presentamos algunas de las estrategias más comunes.

Establecer estándares de calidad claros

La primera estrategia para mejorar la calidad industrial es establecer estándares de calidad claros. Los estándares de calidad deben ser específicos, medibles y alcanzables. También deben estar alineados con las necesidades y expectativas de los clientes.

Capacitación y formación del personal

La capacitación y formación del personal es una estrategia clave para mejorar la calidad industrial. El personal de una empresa debe tener las habilidades y conocimientos necesarios para producir productos y servicios de calidad. La capacitación y formación también pueden ayudar a los empleados a comprender la importancia de la calidad y cómo sus acciones afectan la calidad de los productos y servicios de la empresa.

Mejora continua

La mejora continua es una estrategia que implica la evaluación constante de los procesos de producción y la implementación de mejoras para aumentar la calidad de los productos y servicios. Esto puede implicar el uso de técnicas de análisis de datos y la realización de pruebas y ensayos para identificar áreas que necesitan mejoras.

Gestión de la calidad

La gestión de la calidad es una estrategia que implica la implementación de sistemas y procesos para garantizar que los productos y servicios de una empresa cumplan con los estándares de calidad. Esto puede incluir la implementación de normas de calidad reconocidas internacionalmente, como la norma ISO 9001.

Control de calidad

El control de calidad es una estrategia que implica la evaluación y el seguimiento constante de los productos y servicios de una empresa para garantizar que cumplan con los estándares de calidad. Esto puede implicar la realización de pruebas y ensayos para detectar posibles problemas y la implementación de medidas correctivas para solucionarlos.

Análisis de datos

El análisis de datos es una estrategia que implica el uso de técnicas de análisis estadístico para evaluar los datos de producción y identificar áreas que necesitan mejoras. Esto puede ayudar a las empresas a detectar patrones y tendencias en los datos de producción y tomar medidas para mejorar la calidad de los productos y servicios.

Participación del cliente

La participación del cliente es una estrategia que implica la obtención de comentarios y opiniones de los clientes sobre los productos y servicios de una empresa. Esto puede ayudar a las empresas a identificar áreas que necesitan mejoras y tomar medidas para satisfacer las necesidades y expectativas de los clientes.

Conclusión

En resumen, la calidad industrial es un factor clave para el éxito de una empresa. Las empresas que producen productos y servicios de calidad pueden aumentar la satisfacción del cliente, fomentar la lealtad a la marca, reducir los costos y mejorar los procesos de producción. Hay varias estrategias que las empresas pueden utilizar para mejorar la calidad industrial, como establecer estándares de calidad claros, capacitar y formar al personal, implementar la mejora continua, la gestión de la calidad, el control de calidad, el análisis de datos y la participación del cliente. Al implementar estas estrategias, las empresas pueden mejorar su capacidad para producir productos y servicios de calidad y satisfacer las necesidades y expectativas de los clientes.

HISTORIA DE LA CALIDAD INDUSTRIAL

La calidad industrial es un tema de gran importancia en el mundo actual, ya que la competitividad en los mercados globales depende en gran medida de la capacidad de las empresas para ofrecer productos y servicios de alta calidad. La historia de la calidad industrial se remonta a los inicios de la revolución industrial, cuando los empresarios comenzaron a darse cuenta de que la calidad de los productos era un factor clave para el éxito de sus negocios. En este capítulo, exploraremos la historia de la calidad industrial desde sus inicios hasta la actualidad, destacando los hitos más importantes en su evolución.

Los orígenes de la calidad industrial

Los orígenes de la calidad industrial se remontan a la revolución industrial, que comenzó en Inglaterra a finales del siglo XVIII y se extendió a otros países europeos y a los Estados Unidos en el siglo XIX. Durante este período, la producción industrial se expandió rápidamente, y los empresarios comenzaron a darse cuenta de que la calidad de los productos era un factor clave para el éxito de sus negocios.

Uno de los primeros empresarios en reconocer la importancia de la calidad fue Josiah Wedgwood, fundador de la famosa fábrica de cerámica Wedgwood. En la década de 1760, Wedgwood comenzó a producir cerámica de alta calidad que era muy valorada por los consumidores. Para asegurar la calidad de sus productos, Wedgwood estableció rigurosos estándares de calidad y supervisó cuidadosamente cada paso del proceso de producción.

Otro empresario que contribuyó a la historia de la calidad industrial fue Eli Whitney, inventor de la máquina de algodón. Whitney desarrolló la máquina de algodón en la década de 1790, lo que revolucionó la industria textil al permitir la producción masiva de algodón. Para asegurar la calidad de los productos textiles producidos por la máquina de algodón, Whitney estableció rigurosos estándares de calidad y supervisó cuidadosamente cada paso del proceso de producción.

A medida que la producción industrial se expandía, los empresarios comenzaron a darse cuenta de que la calidad era un factor clave para el éxito de sus negocios. La competencia entre las empresas también comenzó a aumentar, lo que llevó a un mayor enfoque en la calidad. En la década de 1820, la empresa británica de locomotoras Robert Stephenson & Co. estableció un sistema de inspección de calidad para asegurar la calidad de sus productos.

El siglo XX y la era de la calidad total

Durante el siglo XX, la calidad industrial evolucionó significativamente, con el surgimiento de nuevas técnicas y filosofías que se centraban en la mejora continua de la calidad. Una de las primeras filosofías de calidad fue el enfoque de inspección estadística, desarrollado por el ingeniero estadounidense Walter A. Shewhart en la década de 1920. La inspección estadística se basaba en la idea de que la calidad podría ser mejorada mediante la recopilación y análisis de datos sobre el proceso de producción.

En la década de 1940, el ingeniero estadounidense W. Edwards Deming desarrolló la filosofía de la calidad total, que se basaba en la idea de que la calidad debía ser una preocupación en todos los aspectos de la empresa, desde el diseño del producto hasta la entrega al cliente. Deming creía que la mejora continua de la calidad era esencial para la supervivencia y el éxito a largo plazo de una empresa.

En la década de 1950, el ingeniero japonés Kaoru Ishikawa desarrolló el diagrama de Ishikawa, también conocido como el diagrama de espina de pescado o diagrama de causa-efecto. Este diagrama fue diseñado para ayudar a los equipos de trabajo a identificar las posibles causas de un problema y encontrar soluciones para mejorar la calidad. El diagrama de Ishikawa se convirtió en una herramienta importante en el enfoque de la calidad total.

En la década de 1960, el término "control de calidad" comenzó a utilizarse ampliamente para describir los esfuerzos de las empresas para mejorar la calidad de sus productos y servicios. En Japón, el control de calidad se convirtió en una parte integral de la cultura empresarial, y muchas empresas japonesas adoptaron la filosofía de la calidad total.

En la década de 1970, el enfoque de la calidad total se extendió a otros países, incluyendo Estados Unidos y Europa. En Estados Unidos, el Instituto de Calidad de Estados Unidos (ASQ) fue fundado en 1946 y se convirtió en una organización líder en la promoción de la calidad. En Europa, el enfoque de la calidad total se promovió a través de la Fundación Europea para la Gestión de la Calidad (EFQM).

En la década de 1980, el enfoque de la calidad total comenzó a evolucionar hacia la gestión de la calidad total (TQM), que se centraba en la gestión de la calidad en todos los aspectos de la empresa. La TQM incluía la participación de todos los empleados en el proceso de mejora continua de la calidad, así como la implementación de sistemas de gestión de calidad.

En la década de 1990, el enfoque de la calidad total evolucionó hacia la norma ISO 9000, que se convirtió en una norma internacional para la gestión de la calidad. La norma ISO 9000 establece los requisitos para un sistema de gestión de calidad y se centra en la mejora continua de la calidad y la satisfacción del cliente.

La calidad en el siglo XXI

En el siglo XXI, la calidad sigue siendo una preocupación clave para las empresas en todo el mundo. La competencia global y la creciente demanda de los consumidores por productos y servicios de alta calidad han llevado a un mayor enfoque en la mejora continua de la calidad.

Una de las tendencias actuales en la gestión de la calidad es la aplicación de tecnologías como la inteligencia artificial y el aprendizaje automático para mejorar la calidad. Estas tecnologías pueden ayudar a las empresas a analizar grandes cantidades de datos y mejorar la eficiencia y la calidad del proceso de producción.

Otra tendencia en la gestión de la calidad es la aplicación de enfoques ágiles y de lean manufacturing para mejorar la calidad y la eficiencia. Estos enfoques se centran en la eliminación de desperdicios y la mejora continua de los procesos, lo que puede llevar a una mayor calidad y una reducción de los costos.

La calidad también se ha convertido en una preocupación cada vez mayor en la industria de servicios, donde la calidad de la experiencia del cliente es esencial para el éxito de la empresa. Las empresas de servicios utilizan técnicas de gestión de la calidad para medir y mejorar la satisfacción del cliente, la calidad del servicio y la eficiencia operativa.

Además, la sostenibilidad se ha convertido en una preocupación importante en la gestión de la calidad en el siglo XXI. Las empresas están buscando formas de producir productos y servicios de alta calidad de manera sostenible y responsable con el medio ambiente.

Otro aspecto importante de la calidad en el siglo XXI es la responsabilidad social corporativa. Las empresas están siendo cada vez más conscientes de su impacto social y ambiental y están implementando prácticas de gestión de la calidad para abordar estos problemas y mejorar su reputación y relaciones con los clientes y la sociedad en general.

En conclusión, la historia de la calidad industrial es una historia de evolución y cambio a lo largo del tiempo. Desde los primeros esfuerzos por mejorar la calidad en la Revolución Industrial hasta la implementación de sistemas de gestión de calidad y la norma ISO 9000 en el siglo XX, la calidad ha sido una preocupación clave para las empresas y ha evolucionado en respuesta a los cambios en la tecnología, la competencia y las demandas de los consumidores.

La mejora continua de la calidad, la satisfacción del cliente y la responsabilidad social corporativa son esenciales para el éxito a largo plazo de una empresa en la economía globalizada y altamente competitiva de hoy en día.

SISTEMAS DE GESTIÓN DE CALIDAD: NORMAS ISO 9001, ISO 14001, ISO 45001, ENTRE OTRAS

La gestión de la calidad es una herramienta clave para el éxito de cualquier organización. Un sistema de gestión de calidad (SGC) es una estructura que ayuda a las empresas a garantizar que sus productos y servicios cumplan con los requisitos de los clientes y las regulaciones gubernamentales. Las normas ISO 9001, ISO 14001 y OHSAS 18001 son las normas más utilizadas para implementar sistemas de gestión de calidad en todo el mundo.

En este capítulo, se discutirán estas normas en detalle y se proporcionará información sobre cómo pueden ser implementadas en diferentes organizaciones. Además, se analizarán las similitudes y diferencias entre estas normas y se examinarán las tendencias actuales en la gestión de la calidad.

ISO 9001: Gestión de calidad

ISO 9001 es una norma internacional de gestión de calidad que proporciona un marco para la implementación de un SGC. La norma se aplica a cualquier organización, independientemente de su tamaño o sector. La implementación de la norma ISO 9001 ayuda a las organizaciones a mejorar la satisfacción del cliente al garantizar la entrega de productos y servicios de calidad.

La norma ISO 9001 establece los requisitos para un sistema de gestión de calidad que se enfoca en mejorar la eficiencia y la eficacia de la organización. Estos requisitos incluyen:

Enfoque al cliente: Las organizaciones deben entender las necesidades y expectativas de los clientes y trabajar para satisfacerlas.

Liderazgo: La dirección de la organización debe liderar el sistema de gestión de calidad y asegurarse de que se cumplan todos los requisitos.

Participación del personal: Los empleados deben estar involucrados en el sistema de gestión de calidad y trabajar para mejorar continuamente los procesos.

Enfoque basado en procesos: Las organizaciones deben entender y gestionar los procesos internos de manera efectiva para lograr los objetivos del sistema de gestión de calidad.

Mejora continua: Las organizaciones deben monitorear y mejorar continuamente el sistema de gestión de calidad para garantizar su efectividad.

ISO 14001: Gestión ambiental

ISO 14001 es una norma internacional de gestión ambiental que establece los requisitos para un SGC que se centra en la gestión ambiental. La norma se aplica a cualquier organización que desee mejorar su desempeño ambiental y reducir su impacto en el medio ambiente. La implementación de la norma ISO 14001 ayuda a las organizaciones a reducir los costos de producción, mejorar la imagen de la empresa y cumplir con las regulaciones ambientales.

Los requisitos clave de la norma ISO 14001 incluyen:

Política ambiental: Las organizaciones deben establecer una política ambiental que establezca los objetivos y metas ambientales de la empresa.

Planificación: Las organizaciones deben planificar y desarrollar objetivos y metas ambientales, identificar los impactos ambientales de sus actividades y definir los procedimientos necesarios para controlar y monitorear estos impactos.

Implementación y operación: Las organizaciones deben implementar su SGC, capacitar al personal y proporcionar los recursos necesarios para garantizar la efectividad del sistema.

Verificación y acción correctiva: Las organizaciones deben monitorear y medir el desempeño ambiental de la empresa, realizar auditorías internas y tomar medidas para corregir cualquier problema identificado.

Revisión de la gestión: Las organizaciones deben realizar una revisión periódica del sistema de gestión ambiental para asegurarse de que se están cumpliendo los objetivos y metas ambientales y tomar medidas para mejorar continuamente el sistema.

OHSAS 18001: Gestión de la seguridad y salud ocupacional

OHSAS 18001 es una norma internacional de gestión de seguridad y salud ocupacional que establece los requisitos para un SGC que se centra en la seguridad y salud de los trabajadores de una organización. La implementación de la norma OHSAS 18001 ayuda a las organizaciones a cumplir con las regulaciones de seguridad y salud ocupacional, reducir los accidentes laborales y mejorar la productividad de los trabajadores.

Los requisitos clave de la norma OHSAS 18001 incluyen:

Política de seguridad y salud ocupacional: Las organizaciones deben establecer una política de seguridad y salud ocupacional que establezca los objetivos y metas de seguridad y salud ocupacional de la empresa.

Planificación: Las organizaciones deben planificar y desarrollar objetivos y metas de seguridad y salud ocupacional, identificar los peligros y evaluar los riesgos para la seguridad y salud de los trabajadores, y definir los procedimientos necesarios para controlar y monitorear estos riesgos.

Implementación y operación: Las organizaciones deben implementar su SGC, capacitar al personal y proporcionar los recursos necesarios para garantizar la efectividad del sistema.

Verificación y acción correctiva: Las organizaciones deben monitorear y medir el desempeño de seguridad y salud ocupacional de la empresa, realizar auditorías internas y tomar medidas para corregir cualquier problema identificado.

Revisión de la gestión: Las organizaciones deben realizar una revisión periódica del sistema de gestión de seguridad y salud ocupacional para asegurarse de que se están cumpliendo los objetivos y metas de seguridad y salud ocupacional y tomar medidas para mejorar continuamente el sistema.

ISO 45001: Gestión de seguridad y salud ocupacional

ISO 45001 es una norma internacional de gestión de seguridad y salud ocupacional que se lanzó en 2018. La norma reemplaza a la norma OHSAS 18001 y establece los requisitos para un SGC que se centra en la seguridad y salud de los trabajadores de una organización. La implementación de la norma ISO 45001 ayuda a las organizaciones a cumplir con las regulaciones de seguridad y salud ocupacional, reducir los accidentes laborales y mejorar la productividad de los trabajadores.

Los requisitos clave de la norma ISO 45001 incluyen:

Contexto de la organización: Las organizaciones deben entender el contexto en el que operan y los factores internos y externos que pueden afectar su capacidad para lograr los objetivos de seguridad y salud ocupacional.

Liderazgo y participación de los trabajadores: La dirección de la organización debe liderar el sistema de gestión de seguridad y salud ocupacional y los trabajadores deben estar involucrados en el sistema para garantizar su efectividad.

Planificación: Las organizaciones deben planificar y desarrollar objetivos y metas de seguridad y salud ocupacional, identificar los peligros y evaluar los riesgos para la seguridad y salud de los trabajadores, y definir los procedimientos necesarios para controlar y monitorear estos riesgos.

Apoyo: Las organizaciones deben proporcionar los recursos necesarios para implementar y mantener el sistema de gestión de seguridad y salud ocupacional, incluyendo la formación y el desarrollo del personal.

Operación: Las organizaciones deben implementar su SGC, tomar medidas para controlar los riesgos de seguridad y salud ocupacional y prepararse para emergencias.

Evaluación del desempeño: Las organizaciones deben monitorear y medir el desempeño de seguridad y salud ocupacional de la empresa, realizar auditorías internas y tomar medidas para corregir cualquier problema identificado.

Mejora continua: Las organizaciones deben revisar periódicamente el sistema de gestión de seguridad y salud ocupacional para identificar oportunidades de mejora y tomar medidas para mejorar continuamente el sistema.

ISO 31000: Gestión de riesgos

ISO 31000 es una norma internacional de gestión de riesgos que establece los principios y directrices para la gestión de riesgos en una organización. La implementación de la norma ISO 31000 ayuda a las organizaciones a identificar y evaluar los riesgos potenciales, tomar medidas para controlar y mitigar estos riesgos y mejorar la toma de decisiones en toda la organización.

Los requisitos clave de la norma ISO 31000 incluyen:

Contexto de la organización: Las organizaciones deben entender el contexto en el que operan y los factores internos y externos que pueden afectar su capacidad para gestionar los riesgos.

Liderazgo y compromiso: La dirección de la organización debe liderar la gestión de riesgos y comprometerse a la mejora continua de la gestión de riesgos.

Diseño del marco de gestión de riesgos: Las organizaciones deben diseñar y establecer un marco de gestión de riesgos que sea adecuado para su contexto y objetivos.

Implementación del marco de gestión de riesgos: Las organizaciones deben implementar su marco de gestión de riesgos y asegurarse de que se están identificando y evaluando los riesgos.

Evaluación continua y mejora: Las organizaciones deben evaluar continuamente su marco de gestión de riesgos y tomar medidas para mejorarlo.

ISO 27001: Gestión de seguridad de la información

ISO 27001 es una norma internacional de gestión de seguridad de la información que establece los requisitos para un SGC que se centra en la protección de la información confidencial de una organización. La implementación de la norma ISO 27001 ayuda a las organizaciones a proteger sus datos y mejorar la seguridad de la información.

Los requisitos clave de la norma ISO 27001 incluyen:

Contexto de la organización: Las organizaciones deben entender el contexto en el que operan y los factores internos y externos que pueden afectar su capacidad para proteger la información.

Liderazgo y compromiso: La dirección de la organización debe liderar la gestión de seguridad de la información y comprometerse a la mejora continua de la seguridad de la información.

Planificación: Las organizaciones deben planificar y desarrollar objetivos y metas de seguridad de la información, identificar los activos de información y los riesgos asociados y definir los procedimientos necesarios para proteger la información.

Implementación: Las organizaciones deben implementar medidas de seguridad de la información para proteger sus activos de información y reducir los riesgos.

Evaluación: Las organizaciones deben evaluar el desempeño de la seguridad de la información de la empresa, realizar auditorías internas y tomar medidas para corregir cualquier problema identificado.

Mejora continua: Las organizaciones deben revisar periódicamente el sistema de gestión de seguridad de la información para identificar oportunidades de mejora y tomar medidas para mejorar continuamente el sistema.

ISO 22301: Gestión de continuidad del negocio

ISO 22301 es una norma internacional de gestión de continuidad del negocio que establece los requisitos para un SGC que se centra en la capacidad de una organización para continuar operando en el caso de un evento disruptivo. La implementación de la norma ISO 22301 ayuda a las organizaciones a prepararse para situaciones de emergencia y a garantizar la continuidad de las operaciones comerciales.

Los requisitos clave de la norma ISO 22301 incluyen:

Contexto de la organización: Las organizaciones deben entender el contexto en el que operan y los factores internos y externos que pueden afectar su capacidad para mantener la continuidad del negocio.

Liderazgo y compromiso: La dirección de la organización debe liderar la gestión de la continuidad del negocio y comprometerse a la mejora continua de la capacidad de la empresa para operar en situaciones de emergencia.

Planificación de la continuidad del negocio: Las organizaciones deben desarrollar planes de continuidad del negocio para garantizar que la empresa pueda continuar operando en situaciones de emergencia.

Implementación de la continuidad del negocio: Las organizaciones deben implementar medidas para garantizar la continuidad del negocio en situaciones de emergencia.

Evaluación de la continuidad del negocio: Las organizaciones deben evaluar periódicamente su capacidad para mantener la continuidad del negocio y tomar medidas para mejorar la capacidad de la empresa para operar en situaciones de emergencia.

Mejora continua: Las organizaciones deben revisar periódicamente el sistema de gestión de continuidad del negocio para identificar oportunidades de mejora y tomar medidas para mejorar continuamente el sistema.

Beneficios de la implementación de sistemas de gestión

La implementación de sistemas de gestión de calidad, medio ambiente, seguridad y salud ocupacional, gestión de riesgos, seguridad de la información y continuidad del negocio puede proporcionar una serie de beneficios para una organización. Algunos de estos beneficios incluyen:

Mejora de la eficiencia: La implementación de un SGC puede ayudar a las organizaciones a mejorar la eficiencia de sus procesos y reducir los residuos y el retrabajo, lo que puede conducir a una reducción de costos y un aumento de la rentabilidad.

Mejora de la satisfacción del cliente: La implementación de un SGC puede ayudar a las organizaciones a garantizar que sus productos y servicios cumplan con las expectativas de los clientes, lo que puede mejorar la satisfacción del cliente y aumentar la fidelidad de los clientes.

Cumplimiento legal: La implementación de un SGC puede ayudar a las organizaciones a cumplir con las leyes y regulaciones ambientales, de seguridad y salud ocupacional, y de protección de datos, lo que puede reducir el riesgo de sanciones y multas por incumplimiento.

Reducción de riesgos: La implementación de sistemas de gestión de riesgos, seguridad de la información y continuidad del negocio puede ayudar a las organizaciones a identificar y gestionar los riesgos asociados a sus operaciones, lo que puede reducir el riesgo de interrupciones en las operaciones comerciales.

Mejora de la imagen de la empresa: La implementación de sistemas de gestión puede mejorar la imagen de la empresa ante los clientes, los empleados, los proveedores y otros interesados, lo que puede aumentar la reputación y la confianza en la empresa.

Mejora de la salud y seguridad de los empleados: La implementación de un SGC de seguridad y salud ocupacional puede ayudar a las organizaciones a identificar y gestionar los riesgos para la salud y la seguridad de los empleados, lo que puede reducir los accidentes y las enfermedades relacionadas con el trabajo.

Mejora del desempeño ambiental: La implementación de un SGC ambiental puede ayudar a las organizaciones a identificar y gestionar los impactos ambientales de sus operaciones, lo que puede reducir la contaminación y el uso de recursos naturales.

En general, la implementación de sistemas de gestión puede ayudar a las organizaciones a mejorar la eficiencia, la calidad, la seguridad, la salud ocupacional, la continuidad del negocio y el desempeño ambiental, lo que puede conducir a una mayor rentabilidad y una mejor reputación de la empresa.

Conclusiones

Las normas ISO 9001, ISO 14001, OHSAS 18001, ISO 31000, ISO 27001 e ISO 22301 son normas internacionales ampliamente utilizadas para la gestión de la calidad, el medio ambiente, la seguridad y salud ocupacional, la gestión de riesgos, la seguridad de la información y la continuidad del negocio. La implementación de estas normas puede ayudar a las organizaciones a mejorar la eficiencia, la calidad, la seguridad, la salud ocupacional, la continuidad del negocio y el desempeño ambiental, lo que puede conducir a una mayor rentabilidad y una mejor reputación de la empresa.

Para implementar sistemas de gestión efectivos, las organizaciones deben seguir un proceso estructurado que incluya la planificación, la implementación, la evaluación y la mejora continua del sistema. La dirección de la organización debe liderar la implementación del sistema y comprometerse con la mejora continua de la capacidad de la empresa para operar de manera efectiva y eficiente.

En resumen, la implementación de sistemas de gestión puede proporcionar una serie de beneficios para las organizaciones, incluyendo una mayor eficiencia, una mejor satisfacción del cliente, el cumplimiento legal, la reducción de riesgos, una mejor imagen de la empresa y una mejora de la salud y seguridad de los empleados. Es importante recordar que la implementación de un sistema de gestión exitoso requiere un compromiso a largo plazo por parte de la dirección y una cultura organizacional orientada a la mejora continua.

PLANIFICACIÓN DE LA CALIDAD

La planificación de la calidad es una parte fundamental de la gestión de la calidad en cualquier organización. Esta planificación se enfoca en cómo la organización puede mejorar la calidad de sus productos o servicios y satisfacer las necesidades y expectativas de sus clientes.

La planificación de la calidad se divide en tres niveles: planificación estratégica, planificación operativa y planificación táctica. En este artículo, discutiremos cada uno de estos niveles en detalle y cómo se relacionan entre sí.

Planificación estratégica de la calidad

La planificación estratégica de la calidad es la primera etapa de la planificación de la calidad. Se enfoca en el desarrollo de una visión y misión para la organización en términos de calidad y cómo la organización puede lograr estos objetivos.

La planificación estratégica de la calidad implica la identificación de los objetivos y metas de calidad a largo plazo de la organización y la determinación de los recursos necesarios para alcanzar estos objetivos. También se enfoca en la identificación de los principales interesados de la organización y cómo la calidad puede afectarlos.

El primer paso en la planificación estratégica de la calidad es establecer una visión y misión de calidad para la organización. La visión de calidad describe cómo la organización ve su futuro en términos de calidad. La misión de calidad define el propósito de la organización en términos de calidad.

Una vez establecidos la visión y la misión de calidad, se identifican los objetivos y metas a largo plazo de la organización en términos de calidad. Estos objetivos y metas deben ser específicos, medibles, alcanzables, relevantes y basados en un tiempo determinado. Se establecen también los indicadores de calidad para medir el progreso hacia el logro de estos objetivos y metas.

La identificación de los principales interesados de la organización es un paso importante en la planificación estratégica de la calidad. Los interesados pueden ser clientes, proveedores, empleados, accionistas y otros. La organización debe entender cómo la calidad afecta a cada uno de estos interesados y cómo puede satisfacer sus necesidades y expectativas.

La planificación estratégica de la calidad también implica la determinación de los recursos necesarios para lograr los objetivos y metas de calidad a largo plazo de la organización. Estos recursos pueden ser financieros, humanos, tecnológicos y de otro tipo. La organización debe asegurarse de que tiene los recursos adecuados para lograr sus objetivos de calidad a largo plazo.

La planificación estratégica de la calidad debe ser revisada y actualizada regularmente para asegurarse de que sigue siendo relevante y efectiva.

Planificación operativa de la calidad

La planificación operativa de la calidad se enfoca en cómo la organización puede alcanzar los objetivos y metas de calidad establecidos en la planificación estratégica de la calidad. La planificación operativa de la calidad es una planificación a corto plazo que se enfoca en cómo la organización puede mejorar la calidad en el día a día.

La planificación operativa de la calidad implica la identificación de los procesos críticos de la organización y cómo pueden mejorarse para mejorar la calidad. También se enfoca en la identificación de los riesgos y oportunidades de calidad y cómo la organización puede abordarlos.

El primer paso en la planificación operativa de la calidad es la identificación de los procesos críticos de la organización. Estos son los procesos que tienen un impacto significativo en la calidad de los productos o servicios de la organización. La organización debe entender cómo estos procesos funcionan y cómo pueden mejorarse para mejorar la calidad.

Una vez identificados los procesos críticos, se deben establecer objetivos y metas específicos para mejorar la calidad de estos procesos. Estos objetivos y metas deben ser medibles y basados en un tiempo determinado. También se establecen indicadores de calidad para medir el progreso hacia el logro de estos objetivos y metas.

La identificación de los riesgos y oportunidades de calidad es otro paso importante en la planificación operativa de la calidad. La organización debe identificar los riesgos que pueden afectar la calidad de sus productos o servicios y cómo puede mitigar estos riesgos. También debe identificar las oportunidades de mejora de calidad y cómo puede aprovecharlas.

La planificación operativa de la calidad también implica la identificación de los recursos necesarios para mejorar la calidad de los procesos críticos. Estos recursos pueden incluir capacitación, tecnología, herramientas y otros. La organización debe asegurarse de que tiene los recursos adecuados para mejorar la calidad de los procesos críticos.

La planificación operativa de la calidad debe ser revisada y actualizada regularmente para asegurarse de que sigue siendo relevante y efectiva.

Planificación táctica de la calidad

La planificación táctica de la calidad se enfoca en la implementación de los planes de calidad establecidos en la planificación estratégica y operativa de la calidad. La planificación táctica de la calidad es la fase final de la planificación de la calidad y se enfoca en la ejecución de los planes para mejorar la calidad.

La planificación táctica de la calidad implica la identificación de los recursos necesarios para implementar los planes de calidad. Estos recursos pueden incluir capacitación, tecnología, herramientas y otros. La organización debe asegurarse de que tiene los recursos adecuados para implementar los planes de calidad.

Una vez identificados los recursos necesarios, se deben establecer un plan de acción para implementar los planes de calidad. Este plan de acción debe incluir los pasos específicos que se deben tomar para mejorar la calidad y los responsables de cada paso.

La planificación táctica de la calidad también implica la identificación de los indicadores de calidad y la medición del progreso hacia el logro de los objetivos y metas de calidad establecidos en la planificación estratégica y operativa de la calidad.

La implementación de los planes de calidad debe ser monitoreada y evaluada regularmente para asegurarse de que está siendo efectiva. Si no se están logrando los objetivos de calidad, se deben hacer ajustes en los planes de calidad para mejorar su efectividad.

Conclusión

La planificación de la calidad es un proceso crítico en la gestión de la calidad de cualquier organización. La planificación estratégica establece la visión y misión de calidad de la organización y los objetivos y metas a largo plazo para mejorar la calidad. La planificación operativa se enfoca en cómo mejorar la calidad en el día a día mediante la identificación de los procesos críticos, riesgos y oportunidades de calidad. La planificación táctica se enfoca en la implementación de los planes de calidad establecidos en la planificación estratégica y operativa de la calidad.

Para llevar a cabo una planificación efectiva de la calidad, es necesario involucrar a todas las partes interesadas, desde los líderes de la organización hasta el personal de primera línea. También es importante asegurarse de que se tengan los recursos adecuados para implementar los planes de calidad y monitorear su progreso de manera regular.

La planificación de la calidad no es un proceso estático. Debe ser revisada y actualizada regularmente para asegurarse de que sigue siendo relevante y efectiva. La retroalimentación de los clientes y la evaluación del desempeño son herramientas importantes para mejorar la planificación de la calidad a lo largo del tiempo.

En resumen, la planificación de la calidad es un proceso crítico en la gestión de la calidad de cualquier organización. La planificación estratégica, operativa y táctica de la calidad son fases importantes del proceso de planificación de la calidad que se enfocan en diferentes aspectos de la mejora de la calidad. Al llevar a cabo una planificación efectiva de la calidad, las organizaciones pueden mejorar la satisfacción del cliente, reducir los costos y mejorar la eficiencia de los procesos críticos.

CONTROL DE LA CALIDAD: CONTROL ESTADÍSTICO DEL PROCESO, INSPECCIÓN Y ENSAYO

El control de calidad es un proceso esencial en cualquier empresa que busca mantener altos estándares de calidad en sus productos y servicios. Hay varios métodos y técnicas que se utilizan para llevar a cabo el control de calidad, incluyendo el control estadístico del proceso, la inspección y los ensayos.

En este capítulo, se discutirán los conceptos básicos del control estadístico del proceso, la inspección y los ensayos, así como sus aplicaciones en la industria. También se analizarán los beneficios y las limitaciones de cada técnica, así como las diferencias entre ellas.

Control estadístico del proceso

El control estadístico del proceso (CEP) es un método para monitorear y controlar la calidad de un proceso mediante el uso de técnicas estadísticas. El objetivo principal del CEP es identificar y eliminar las causas de variación en el proceso, lo que ayuda a reducir los defectos y mejorar la calidad.

El CEP se basa en el uso de herramientas estadísticas para analizar los datos del proceso y determinar si el proceso está dentro de los límites de control establecidos. Si el proceso se desvía de los límites de control, se toman medidas correctivas para eliminar la causa de la variación.

Las herramientas estadísticas que se utilizan en el CEP incluyen gráficos de control, histogramas, diagramas de Pareto y análisis de capacidad del proceso.

Estas herramientas permiten a los técnicos y gerentes del proceso monitorear y analizar el desempeño del proceso y tomar medidas para mejorarlo.

El uso del CEP tiene varios beneficios, como la reducción de los costos de producción y la mejora de la calidad del producto. Sin embargo, también tiene algunas limitaciones, como la necesidad de recolectar y analizar datos precisos y la necesidad de personal capacitado para llevar a cabo el análisis estadístico.

Inspección

La inspección es una técnica para evaluar la calidad de un producto mediante la comparación con un conjunto de estándares. La inspección puede ser realizada por un inspector humano o mediante el uso de equipos automatizados.

La inspección se puede realizar en cualquier etapa del proceso de producción, desde la materia prima hasta el producto final. Se pueden inspeccionar características como la apariencia, el tamaño, el peso, la funcionalidad y la durabilidad.

La inspección tiene varios beneficios, como la detección temprana de problemas de calidad y la mejora de la confiabilidad del producto. Sin embargo, también tiene algunas limitaciones, como el costo de la inspección y la posibilidad de que se pierdan productos defectuosos en la inspección.

Ensayo

Los ensayos son pruebas que se realizan en un producto o proceso para evaluar su calidad y rendimiento. Los ensayos pueden ser destructivos o no destructivos, dependiendo de si el producto o proceso se destruye o no durante la prueba.

Los ensayos se pueden realizar en cualquier etapa del proceso de producción, desde la materia prima hasta el producto final. Los ensayos pueden ser realizados por el fabricante o por un laboratorio independiente.

Los ensayos tienen varios beneficios, como la evaluación objetiva de la calidad del producto y la mejora de la seguridad del producto. Sin embargo, también tienen algunas limitaciones, como el costo de los ensayos y la posibilidad de que se dañe el producto durante los ensayos destructivos.

Diferencias entre el control estadístico del proceso, la inspección y los ensayos

El control estadístico del proceso, la inspección y los ensayos son técnicas diferentes que se utilizan para evaluar la calidad de un proceso o producto. Cada técnica tiene sus propias fortalezas y debilidades y se utiliza en diferentes etapas del proceso de producción.

El control estadístico del proceso se utiliza para monitorear y controlar la calidad de un proceso mediante el uso de herramientas estadísticas para analizar los datos del proceso. El objetivo principal del CEP es identificar y eliminar las causas de variación en el proceso, lo que ayuda a reducir los defectos y mejorar la calidad.

La inspección se utiliza para evaluar la calidad de un producto mediante la comparación con un conjunto de estándares. La inspección se puede realizar en cualquier etapa del proceso de producción y puede ser realizada por un inspector humano o mediante el uso de equipos automatizados.

Los ensayos son pruebas que se realizan en un producto o proceso para evaluar su calidad y rendimiento. Los ensayos pueden ser destructivos o no destructivos y se pueden realizar en cualquier etapa del proceso de producción.

El control estadístico del proceso, la inspección y los ensayos son técnicas complementarias que se utilizan para evaluar la calidad de un proceso o producto. Cada técnica se utiliza en diferentes etapas del proceso de producción y tiene sus propias fortalezas y debilidades.

Beneficios del control de calidad

El control de calidad tiene varios beneficios para una empresa, incluyendo la mejora de la calidad del producto, la reducción de los costos de producción y el aumento de la satisfacción del cliente. Al mejorar la calidad del producto, una empresa puede reducir el número de devoluciones y reclamaciones de los clientes, lo que puede mejorar la reputación de la empresa y aumentar la satisfacción del cliente.

La reducción de los costos de producción también puede ser un beneficio del control de calidad. Al reducir el número de productos defectuosos y eliminar las causas de variación en el proceso, una empresa puede reducir el tiempo y los materiales que se utilizan para producir un producto de alta calidad.

El control de calidad también puede mejorar la eficiencia y la productividad de una empresa al eliminar los cuellos de botella en el proceso y reducir los tiempos de inactividad. Al mejorar la eficiencia y la productividad, una empresa puede reducir los costos de producción y mejorar la rentabilidad.

Limitaciones del control de calidad

Aunque el control de calidad tiene varios beneficios, también tiene algunas limitaciones que deben ser consideradas. Una de las principales limitaciones es el costo del control de calidad. El control de calidad requiere tiempo y recursos para implementar y mantener, lo que puede ser costoso para una empresa.

Otra limitación del control de calidad es la necesidad de personal capacitado para llevar a cabo el control de calidad. El personal debe estar capacitado en las técnicas y herramientas utilizadas en el control de calidad, lo que puede requerir una inversión significativa en capacitación y desarrollo de habilidades.

También es importante tener en cuenta que el control de calidad no garantiza la calidad perfecta del producto o proceso. Siempre habrá cierta variación en el proceso y una pequeña cantidad de productos defectuosos, incluso con el mejor control de calidad.

Conclusión

El control de calidad es una parte importante de la gestión de la calidad en una empresa. El uso de técnicas como el control estadístico del proceso, la inspección y los ensayos puede ayudar a una empresa a mejorar la calidad de sus productos y procesos, reducir los costos de producción y aumentar la satisfacción del cliente.

Es importante recordar que el control de calidad no es un proceso único y que requiere un compromiso constante por parte de la empresa. Es importante revisar y actualizar regularmente los procesos de control de calidad para garantizar que se estén utilizando las mejores prácticas y técnicas.

Además, es importante que los empleados de la empresa estén comprometidos con el control de calidad y que comprendan la importancia de su papel en la mejora continua de la calidad. La capacitación y el desarrollo de habilidades pueden ser una parte importante de este compromiso.

En última instancia, el control de calidad es una inversión en la calidad de los productos y procesos de una empresa, y puede tener un impacto significativo en la satisfacción del cliente y la rentabilidad a largo plazo de la empresa.

ASEGURAMIENTO DE LA CALIDAD: SISTEMAS DE INSPECCIÓN Y CONTROL, AUDITORÍAS Y CERTIFICACIONES

El aseguramiento de la calidad es un proceso fundamental para cualquier empresa que busque mantener altos estándares de calidad en sus productos y servicios. En este sentido, los sistemas de inspección y control, las auditorías y las certificaciones son herramientas esenciales para garantizar que se cumplan los requisitos de calidad establecidos y que se mejore continuamente el desempeño de la empresa.

En este capítulo, se discutirán los conceptos básicos del aseguramiento de la calidad, se describirán los sistemas de inspección y control, se explicarán las auditorías de calidad y se analizarán las certificaciones de calidad más relevantes en el ámbito empresarial.

Aseguramiento de la calidad

El aseguramiento de la calidad se define como el conjunto de actividades planificadas y sistemáticas destinadas a garantizar que un producto o servicio cumpla con los requisitos de calidad establecidos. El objetivo del aseguramiento de la calidad es mejorar la satisfacción del cliente, aumentar la eficiencia y reducir los costos. Para ello, se deben establecer políticas y procedimientos que permitan la identificación y corrección de los problemas de calidad antes de que se produzcan.

El aseguramiento de la calidad no es un proceso aislado, sino que debe integrarse en todas las etapas del ciclo de vida del producto o servicio. De esta forma, se asegura que la calidad sea una preocupación constante en todas las actividades empresariales.

Sistemas de inspección y control

Los sistemas de inspección y control son herramientas utilizadas para evaluar y controlar la calidad de los productos y servicios. Los sistemas de inspección se utilizan para detectar los defectos en el producto o servicio antes de que sea entregado al cliente. Los sistemas de control, por otro lado, se utilizan para monitorear el proceso de producción y asegurar que los productos o servicios cumplan con los requisitos de calidad.

Entre los sistemas de inspección más comunes se encuentran:

Inspección visual: se realiza una revisión visual del producto o servicio para detectar defectos.

Inspección dimensional: se miden las dimensiones del producto para asegurarse de que cumple con las especificaciones.

Inspección por muestreo: se selecciona una muestra aleatoria del producto y se inspecciona para detectar defectos.

Inspección por pruebas destructivas: se destruye una muestra del producto para evaluar su calidad.

Por otro lado, los sistemas de control más utilizados son:

Control estadístico de procesos (CEP): se utiliza para monitorear el proceso de producción y detectar desviaciones.

Planificación avanzada de la calidad del producto (APQP): se utiliza para planificar la calidad del producto desde la etapa de diseño hasta la producción.

Herramientas de mejora continua: se utilizan para identificar y corregir los problemas de calidad en el proceso de producción.

Auditorías de calidad

Las auditorías de calidad son herramientas utilizadas para evaluar el desempeño de un sistema de aseguramiento de la calidad. Las auditorías se realizan para evaluar el cumplimiento de los requisitos de calidad establecidos por la empresa y para identificar áreas de mejora.

Existen dos tipos de auditorías de calidad:

Auditorías internas: son realizadas por la propia empresa para evaluar su sistema de aseguramiento de la calidad. Las auditorías internas son una herramienta de mejora continua, ya que permiten identificar oportunidades de mejora y corregir problemas antes de que se conviertan en defectos de calidad.

Auditorías externas: son realizadas por una entidad externa a la empresa, como una agencia de certificación de calidad, para evaluar el sistema de aseguramiento de la calidad de la empresa. Las auditorías externas son una herramienta importante para asegurar que la empresa cumpla con los requisitos de calidad establecidos y para obtener la certificación de calidad.

Durante una auditoría de calidad, se revisan los documentos y registros de la empresa para verificar que se estén cumpliendo los procedimientos establecidos en el sistema de aseguramiento de la calidad. También se realizan entrevistas con el personal de la empresa para evaluar su comprensión del sistema de calidad y para identificar oportunidades de mejora.

Una auditoría de calidad puede resultar en una serie de hallazgos, como no conformidades, oportunidades de mejora y buenas prácticas. Los hallazgos se documentan en un informe de auditoría, que se utiliza para identificar las áreas de mejora y para desarrollar un plan de acción para corregir los problemas identificados.

Certificaciones de calidad

Las certificaciones de calidad son otorgadas por agencias externas a la empresa para validar que la empresa cumple con los requisitos de calidad establecidos. Las certificaciones de calidad más comunes son:

ISO 9001: es una norma internacional que establece los requisitos para un sistema de gestión de la calidad. La norma ISO 9001 se utiliza para evaluar la capacidad de una empresa para proporcionar productos y servicios que cumplan con los requisitos del cliente y los requisitos legales y reglamentarios aplicables.

ISO 14001: es una norma internacional que establece los requisitos para un sistema de gestión ambiental. La norma ISO 14001 se utiliza para evaluar la capacidad de una empresa para identificar y controlar los impactos ambientales de sus actividades, productos o servicios.

OHSAS 18001: es una norma internacional que establece los requisitos para un sistema de gestión de la seguridad y salud en el trabajo. La norma OHSAS 18001 se utiliza para evaluar la capacidad de una empresa para identificar y controlar los riesgos de seguridad y salud en el trabajo asociados con sus actividades, productos o servicios.

IATF 16949: es una norma internacional que establece los requisitos para un sistema de gestión de la calidad en la industria automotriz. La norma IATF 16949 se utiliza para evaluar la capacidad de una empresa para proporcionar productos y servicios que cumplan con los requisitos del cliente en la industria automotriz.

Para obtener una certificación de calidad, la empresa debe cumplir con los requisitos establecidos en la norma correspondiente y debe pasar una auditoría externa realizada por una entidad de certificación acreditada. La certificación tiene una duración limitada y la empresa debe someterse a auditorías periódicas para mantener la certificación.

Conclusiones

En resumen, el aseguramiento de la calidad es un proceso fundamental para cualquier empresa que busque mantener altos estándares de calidad en sus productos y servicios. Los sistemas de inspección y control, las auditorías y las certificaciones de calidad son herramientas esenciales para garantizar que se cumplan los requisitos de calidad establecidos y que se mejore continuamente el sistema de calidad de la empresa.

La implementación de un sistema de aseguramiento de la calidad requiere una planificación cuidadosa y una dedicación constante a la mejora continua. Es importante que la empresa establezca objetivos claros y medibles para su sistema de calidad y que involucre a todo el personal en la implementación y mantenimiento del sistema.

Además, es fundamental que la empresa se asegure de contar con los recursos adecuados para implementar y mantener su sistema de calidad. Esto incluye la capacitación del personal, la adquisición de equipos y tecnologías adecuados y la asignación de tiempo y recursos suficientes para la implementación y mantenimiento del sistema.

Finalmente, es importante destacar que el aseguramiento de la calidad no solo es una herramienta para garantizar la satisfacción del cliente, sino que también puede contribuir significativamente a la rentabilidad y sostenibilidad de la empresa. Un sistema de calidad sólido puede ayudar a reducir los costos asociados con la producción de productos defectuosos, a mejorar la eficiencia y productividad de la empresa y a mejorar la reputación y la imagen de la empresa ante los clientes y otros actores clave.

En conclusión, el aseguramiento de la calidad es una práctica esencial para cualquier empresa que busque mantener altos estándares de calidad en sus productos y servicios. Los sistemas de inspección y control, las auditorías y las certificaciones de calidad son herramientas esenciales para garantizar que se cumplan los requisitos de calidad establecidos y que se mejore continuamente el sistema de calidad de la empresa. La implementación de un sistema de calidad sólido puede contribuir significativamente a la rentabilidad y sostenibilidad de la empresa, así como a su reputación y relación con los clientes y otros actores clave en el mercado.

MEJORA CONTINUA: METODOLOGÍAS, HERRAMIENTAS Y TÉCNICAS DE MEJORA CONTINUA

La mejora continua es un proceso fundamental en cualquier organización que busque alcanzar el éxito y la eficiencia en sus operaciones. A través de la mejora continua, las empresas pueden identificar oportunidades de mejora y hacer cambios incrementales y sostenibles en sus procesos y prácticas para lograr una mayor calidad, eficiencia y rentabilidad.

En este capítulo, exploraremos las metodologías, herramientas y técnicas de mejora continua que las empresas pueden utilizar para impulsar la mejora continua en sus operaciones.

Metodologías de mejora continua

Existen varias metodologías de mejora continua que las empresas pueden utilizar para implementar mejoras en sus procesos y prácticas. Algunas de las metodologías de mejora continua más comunes incluyen:

Lean Manufacturing: La metodología Lean Manufacturing se centra en la eliminación de los desperdicios y la reducción de los tiempos de ciclo para mejorar la eficiencia y la calidad. Esta metodología se basa en cinco principios clave: especificar el valor, identificar el flujo de valor, crear flujo continuo, establecer un sistema pull y buscar la perfección. Al seguir estos principios, las empresas pueden reducir el tiempo de producción, mejorar la calidad y reducir los costos.

Six Sigma: La metodología Six Sigma se centra en la reducción de la variabilidad y la eliminación de los defectos para mejorar la calidad y la eficiencia. Esta metodología utiliza un enfoque basado en datos para identificar oportunidades de mejora y eliminar los obstáculos que impiden la eficiencia y la calidad. La metodología Six Sigma se basa en cinco fases: definir, medir, analizar, mejorar y controlar.

Total Quality Management (TQM): La metodología TQM se centra en la mejora continua de la calidad en todas las áreas de la empresa. Esta metodología se basa en la filosofía de que la calidad es responsabilidad de todos en la organización y se enfoca en la satisfacción del cliente como la medida principal de calidad. TQM se enfoca en la mejora continua de los procesos y prácticas en toda la organización para mejorar la calidad y la eficiencia.

Herramientas de mejora continua

Además de las metodologías, existen una serie de herramientas y técnicas de mejora continua que las empresas pueden utilizar para impulsar la mejora continua en sus operaciones. Algunas de estas herramientas incluyen:

Diagrama de Ishikawa: También conocido como diagrama de espina de pescado, este diagrama se utiliza para identificar las posibles causas de un problema. El diagrama de Ishikawa se utiliza para identificar las causas raíz de un problema y para desarrollar soluciones efectivas.

Diagrama de Pareto: Este diagrama se utiliza para identificar los problemas más comunes en un proceso. El diagrama de Pareto se basa en el principio de que el 80% de los problemas se deben al 20% de las causas.

Diagrama de flujo: Este diagrama se utiliza para visualizar el flujo de trabajo en un proceso y para identificar las oportunidades de mejora. Los diagramas de flujo pueden ayudar a las empresas a identificar cuellos de botella y áreas donde se pueden mejorar los procesos.

Mapa de procesos: Este mapa se utiliza para visualizar los pasos en un proceso y para identificar oportunidades de mejora. Los mapas de procesos pueden ayudar a las empresas a identificar los puntos débiles en los procesos y a desarrollar soluciones efectivas.

Análisis de causa raíz: Este análisis se utiliza para identificar las causas subyacentes de un problema. El análisis de causa raíz se utiliza para determinar por qué un problema ocurre y cómo se puede prevenir en el futuro.

Análisis FODA: El análisis FODA (Fortalezas, Oportunidades, Debilidades y Amenazas) se utiliza para evaluar la posición competitiva de una empresa en el mercado. Este análisis puede ayudar a las empresas a identificar sus fortalezas y oportunidades, así como las debilidades y amenazas que enfrentan.

Análisis de valor agregado: Este análisis se utiliza para identificar las actividades que agregan valor a un proceso y las que no lo hacen. El análisis de valor agregado se utiliza para eliminar las actividades que no agregan valor y para mejorar la eficiencia en el proceso.

Benchmarking: El benchmarking se utiliza para comparar los procesos y prácticas de una empresa con los de otras empresas líderes en el mercado. El benchmarking puede ayudar a las empresas a identificar oportunidades de mejora y a desarrollar soluciones efectivas.

Técnicas de mejora continua

Además de las metodologías y herramientas, existen una serie de técnicas de mejora continua que las empresas pueden utilizar para impulsar la mejora continua en sus operaciones. Algunas de estas técnicas incluyen:

Kaizen: La técnica Kaizen se centra en la mejora continua y gradual de los procesos y prácticas en toda la organización. Esta técnica se basa en la filosofía de que los pequeños cambios pueden tener un gran impacto a largo plazo.

Gemba: La técnica Gemba se centra en observar directamente los procesos en el lugar de trabajo para identificar oportunidades de mejora. Esta técnica se basa en la filosofía de que la observación directa puede proporcionar información valiosa sobre los procesos y prácticas.

Poka-yoke: La técnica Poka-yoke se centra en la prevención de errores mediante la identificación y eliminación de las causas subyacentes de los errores. Esta técnica se basa en la filosofía de que la prevención es mejor que la corrección.

Jidoka: La técnica Jidoka se centra en la detección y corrección inmediata de los problemas en el proceso. Esta técnica se basa en la filosofía de que la detección temprana de los problemas puede prevenir defectos más graves.

Kanban: La técnica Kanban se centra en la gestión visual de los procesos y la gestión del flujo de trabajo. Esta técnica se basa en la filosofía de que la visualización del trabajo puede mejorar la eficiencia y la calidad.

5S: La técnica 5S se centra en la organización y la limpieza del lugar de trabajo para mejorar la eficiencia y la seguridad. Esta técnica se basa en cinco principios clave: clasificar, ordenar, limpiar, estandarizar y mantener.

Beneficios de la mejora continua

La mejora continua puede proporcionar una serie de beneficios para las empresas, incluyendo:

Mejora de la calidad: La mejora continua puede ayudar a las empresas a identificar y corregir problemas en los procesos y prácticas, lo que puede mejorar la calidad de los productos y servicios que ofrecen.

Aumento de la eficiencia: La mejora continua puede ayudar a las empresas a eliminar los procesos y actividades que no agregan valor, lo que puede mejorar la eficiencia en toda la organización.

Reducción de los costos: La mejora continua puede ayudar a las empresas a reducir los costos al eliminar los procesos y actividades innecesarios y al mejorar la eficiencia.

Mayor satisfacción del cliente: La mejora continua puede ayudar a las empresas a ofrecer productos y servicios de mayor calidad y a mejorar la experiencia del cliente, lo que puede aumentar la satisfacción del cliente y la fidelidad a la marca.

Aumento de la productividad: La mejora continua puede ayudar a las empresas a mejorar la eficiencia y la calidad, lo que puede aumentar la productividad de los empleados.

Mayor innovación: La mejora continua puede fomentar la innovación al permitir a las empresas identificar nuevas oportunidades de mejora y desarrollar soluciones efectivas.

Mayor competitividad: La mejora continua puede ayudar a las empresas a mantenerse competitivas en el mercado al mejorar la calidad, la eficiencia y la satisfacción del cliente.

Desafíos de la mejora continua

Aunque la mejora continua puede proporcionar una serie de beneficios para las empresas, también puede presentar una serie de desafíos. Algunos de estos desafíos incluyen:

Falta de compromiso: La mejora continua requiere un compromiso constante por parte de toda la organización, lo que puede ser difícil de mantener a largo plazo.

Falta de recursos: La mejora continua puede requerir recursos significativos en términos de tiempo, dinero y personal, lo que puede ser difícil de justificar en momentos de presupuestos ajustados.

Resistencia al cambio: La mejora continua puede requerir cambios significativos en los procesos y prácticas existentes, lo que puede ser difícil de aceptar para los empleados y los líderes de la organización.

Falta de enfoque: La mejora continua puede abarcar una amplia gama de procesos y prácticas en toda la organización, lo que puede dificultar la identificación de las áreas de mejora más importantes.

Falta de medición: La mejora continua requiere una medición constante y una evaluación de los procesos y prácticas, lo que puede ser difícil de realizar sin un enfoque estructurado.

En conclusión, la mejora continua es un proceso fundamental para que las empresas puedan mantenerse competitivas en el mercado y mejorar su calidad, eficiencia y satisfacción del cliente. A través de la implementación de metodologías, herramientas y técnicas de mejora continua, las empresas pueden identificar oportunidades de mejora y corregir problemas en sus procesos y prácticas. Aunque la mejora continua puede presentar desafíos, como la falta de compromiso, recursos y resistencia al cambio, los beneficios pueden ser significativos a largo plazo para las empresas que se comprometen con este proceso. Por lo tanto, es importante que las empresas adopten una cultura de mejora continua y lo integren en su estrategia empresarial para lograr el éxito a largo plazo.

GESTIÓN DE RIESGOS

La gestión de riesgos es un proceso fundamental en la calidad industrial, que busca identificar, evaluar, prevenir y tratar los riesgos que pueden afectar la calidad de los productos y servicios que se ofrecen en el mercado. Este proceso se lleva a cabo mediante un conjunto de técnicas y herramientas que permiten identificar los riesgos, analizar su impacto y probabilidad de ocurrencia, y establecer medidas preventivas y correctivas para mitigarlos.

En este capítulo, se abordarán los principales aspectos relacionados con la gestión de riesgos en la calidad industrial, destacando la importancia de este proceso, sus objetivos y los beneficios que ofrece a las empresas que lo implementan. Asimismo, se describirán las etapas del proceso de gestión de riesgos, desde la identificación hasta el tratamiento de los riesgos, así como las técnicas y herramientas más utilizadas para llevar a cabo cada una de estas etapas.

Importancia de la gestión de riesgos en la calidad industrial

La gestión de riesgos es un proceso esencial en la calidad industrial, ya que permite a las empresas identificar y mitigar los riesgos que pueden afectar la calidad de los productos y servicios que ofrecen en el mercado. La implementación de un proceso de gestión de riesgos eficaz permite a las empresas anticiparse a los riesgos potenciales, tomar medidas preventivas para evitar su ocurrencia y establecer planes de contingencia para mitigar sus efectos en caso de que se produzcan.

La gestión de riesgos es especialmente importante en la calidad industrial, debido a que los productos y servicios ofrecidos por las empresas pueden tener un impacto directo en la salud y la seguridad de las personas, así como en el medio ambiente. Por esta razón, la gestión de riesgos se ha convertido en una práctica esencial en la industria, ya que permite garantizar la calidad y seguridad de los productos y servicios, así como el cumplimiento de las normativas y regulaciones en materia de calidad.

Objetivos de la gestión de riesgos en la calidad industrial

Los objetivos principales de la gestión de riesgos en la calidad industrial son:

Identificar los riesgos que pueden afectar la calidad de los productos y servicios.

Evaluar el impacto y la probabilidad de ocurrencia de cada riesgo identificado.

Establecer medidas preventivas para evitar la ocurrencia de los riesgos.

Establecer planes de contingencia para mitigar los efectos de los riesgos en caso de que se produzcan.

Garantizar la calidad y seguridad de los productos y servicios ofrecidos por la empresa.

Cumplir con las normativas y regulaciones en materia de calidad y seguridad.

Etapas del proceso de gestión de riesgos

El proceso de gestión de riesgos consta de varias etapas, cada una de las cuales tiene objetivos y actividades específicas. A continuación, se describen las principales etapas del proceso de gestión de riesgos en la calidad industrial:

Identificación de riesgos

La primera etapa del proceso de gestión de riesgos consiste en identificar los riesgos que pueden afectar la calidad de los productos y servicios ofrecidos por la empresa. Para llevar a cabo esta etapa, es necesario realizar una evaluación exhaustiva de los procesos, productos y servicios de la empresa, con el fin de identificar los posibles riesgos que pueden surgir en cada una de las áreas.

Entre las técnicas más utilizadas para identificar los riesgos se encuentran las entrevistas con los empleados y los expertos en el tema, la revisión de documentos y registros, la observación directa de los procesos, el análisis de datos y la revisión de las normativas y regulaciones aplicables.

Una vez que se han identificado los riesgos, es necesario documentarlos en una lista y clasificarlos en función de su impacto potencial en la calidad de los productos y servicios, así como en función de su probabilidad de ocurrencia.

Evaluación de riesgos

La evaluación de riesgos es la etapa en la que se analiza el impacto y la probabilidad de ocurrencia de cada uno de los riesgos identificados en la etapa anterior. Para llevar a cabo esta etapa, se utilizan técnicas y herramientas específicas, como el análisis de riesgos y la matriz de riesgos.

El análisis de riesgos consiste en evaluar el impacto potencial de cada riesgo en la calidad de los productos y servicios, así como en la salud y la seguridad de las personas y en el medio ambiente. Para ello, se evalúan los riesgos en función de su probabilidad de ocurrencia y de su impacto potencial, utilizando una escala numérica o una escala de colores.

La matriz de riesgos es una herramienta gráfica que permite clasificar los riesgos en función de su impacto y su probabilidad de ocurrencia. En la matriz de riesgos, se ubican los riesgos en una cuadrícula, en la que se cruzan dos ejes: el eje horizontal representa la probabilidad de ocurrencia del riesgo, y el eje vertical representa el impacto potencial del riesgo en la calidad de los productos y servicios.

Prevención de riesgos

La prevención de riesgos es la etapa en la que se establecen medidas preventivas para evitar la ocurrencia de los riesgos identificados en las etapas anteriores. Estas medidas pueden ser técnicas, organizativas o administrativas, y pueden incluir la modificación de procesos, la formación y sensibilización de los empleados, la adopción de normas y procedimientos, la implementación de controles de calidad, entre otras.

Las medidas preventivas deben ser diseñadas específicamente para cada riesgo identificado, y deben ser evaluadas en términos de su efectividad y su eficiencia en la prevención de los riesgos.

Tratamiento de riesgos

El tratamiento de riesgos es la etapa en la que se establecen planes de contingencia para mitigar los efectos de los riesgos en caso de que se produzcan. Estos planes de contingencia deben ser diseñados específicamente para cada riesgo identificado, y deben incluir acciones concretas para minimizar el impacto del riesgo en la calidad de los productos y servicios, así como en la salud y la seguridad de las personas y en el medio ambiente.

Entre las medidas que pueden incluir los planes de contingencia se encuentran la realización de pruebas adicionales, la implementación de controles adicionales, la suspensión de la producción o la retirada de los productos afectados del mercado.

Técnicas y herramientas para la gestión de riesgos en la calidad industrial

Existen diversas técnicas y herramientas que pueden ser utilizadas en el proceso de gestión de riesgos en la calidad industrial. A continuación, se describen algunas de las más comunes:

Análisis de riesgos: Es una técnica que se utiliza para evaluar los riesgos asociados a un proceso o actividad. El análisis de riesgos se basa en la identificación de las posibles fuentes de riesgo, la evaluación del impacto y la probabilidad de ocurrencia de cada riesgo, y la definición de medidas preventivas y planes de contingencia.

Matriz de riesgos: Es una herramienta gráfica que permite clasificar los riesgos en función de su impacto y su probabilidad de ocurrencia. La matriz de riesgos facilita la identificación de los riesgos más críticos y la priorización de las medidas preventivas y de los planes de contingencia.

Análisis FMEA: Es una técnica que se utiliza para identificar los fallos potenciales en un proceso o actividad, evaluar su impacto y probabilidad de ocurrencia, y definir medidas preventivas y planes de contingencia.

Análisis causa-raíz: Es una técnica que se utiliza para identificar las causas de un problema o fallo en un proceso o actividad. El análisis causa-raíz permite identificar las causas subyacentes del problema y definir medidas preventivas y planes de contingencia.

Análisis SWOT: Es una técnica que se utiliza para evaluar la situación actual de una empresa o de un proceso y identificar las fortalezas, debilidades, oportunidades y amenazas asociadas. El análisis SWOT facilita la identificación de los riesgos y la definición de medidas preventivas y planes de contingencia.

Análisis de sensibilidad: Es una técnica que se utiliza para evaluar el impacto potencial de las variaciones en los parámetros de un proceso o actividad sobre los resultados finales. El análisis de sensibilidad permite identificar los riesgos asociados a la variabilidad del proceso y definir medidas preventivas y planes de contingencia.

Análisis de tendencias: Es una técnica que se utiliza para evaluar la evolución de un proceso o actividad a lo largo del tiempo y identificar posibles tendencias y desviaciones. El análisis de tendencias permite identificar los riesgos asociados a las fluctuaciones en el proceso y definir medidas preventivas y planes de contingencia.

Conclusiones

La gestión de riesgos en la calidad industrial es una herramienta esencial para garantizar la calidad de los productos y servicios, la salud y la seguridad de las personas, y la protección del medio ambiente. La gestión de riesgos permite identificar, evaluar, prevenir y tratar los riesgos asociados a los procesos y actividades industriales, y definir medidas preventivas y planes de contingencia para minimizar su impacto en caso de que se produzcan.

Para llevar a cabo una gestión de riesgos efectiva, es necesario contar con un enfoque sistemático y proactivo, así como con herramientas y técnicas específicas. Además, es fundamental involucrar a todos los niveles de la organización en el proceso de gestión de riesgos, desde la dirección hasta los empleados de línea.

En definitiva, la gestión de riesgos en la calidad industrial es un proceso continuo y dinámico que requiere una constante actualización y mejora. La gestión de riesgos no sólo permite minimizar los riesgos asociados a los procesos y actividades industriales, sino que también contribuye a mejorar la eficiencia y la rentabilidad de la empresa, a través de la optimización de los procesos y la reducción de los costos asociados a los riesgos. Por lo tanto, es fundamental que las empresas adopten una cultura de gestión de riesgos, en la que la identificación, evaluación, prevención y tratamiento de los riesgos sean una parte integral de la gestión empresarial.

En resumen, la gestión de riesgos en la calidad industrial es un proceso fundamental para garantizar la calidad de los productos y servicios, la salud y la seguridad de las personas, y la protección del medio ambiente. Para llevar a cabo una gestión de riesgos efectiva, es necesario contar con un enfoque sistemático y proactivo, herramientas y técnicas específicas, y la involucración de todos los niveles de la organización. La gestión de riesgos no sólo permite minimizar los riesgos asociados a los procesos y actividades industriales, sino que también contribuye a mejorar la eficiencia y la rentabilidad de la empresa.

CALIDAD TOTAL

La calidad total es una filosofía empresarial que tiene como objetivo alcanzar la excelencia en todos los aspectos de la organización. Esta filosofía se basa en la mejora continua y en la satisfacción del cliente como prioridad absoluta. Para lograr la calidad total, se requiere de un compromiso por parte de toda la organización, desde los altos directivos hasta los empleados de base.

En este capítulo se abordarán los conceptos, principios y técnicas que se requieren para alcanzar la calidad total en una empresa. Se describirán las herramientas y metodologías que se pueden utilizar para implementar un sistema de gestión de calidad y se explicarán los beneficios que se pueden obtener al aplicar esta filosofía en la organización.

Conceptos clave de calidad total

La calidad total es una filosofía empresarial que busca mejorar continuamente la calidad de los productos y servicios ofrecidos, para satisfacer las necesidades y expectativas de los clientes. Esta filosofía implica el compromiso de todos los miembros de la organización, desde la alta dirección hasta los empleados de base, para lograr la excelencia en todos los aspectos de la empresa.

La calidad total se basa en una serie de principios que guían la actuación de la organización. Entre ellos se encuentran los siguientes:

Enfoque en el cliente: La satisfacción del cliente es la prioridad absoluta de la empresa. Todas las acciones y decisiones de la organización deben estar orientadas a satisfacer las necesidades y expectativas del cliente.

Mejora continua: La calidad total implica la búsqueda constante de la mejora en todos los aspectos de la organización, desde la calidad de los productos y servicios hasta los procesos internos.

Participación y compromiso de los empleados: La calidad total se logra con el compromiso y la participación de todos los miembros de la organización. Los empleados deben estar involucrados en el proceso de mejora continua y deben sentirse parte activa de la empresa.

Orientación a procesos: La calidad total implica la gestión eficiente de los procesos internos de la organización, desde la planificación hasta la ejecución y control.

Toma de decisiones basada en datos: La calidad total se basa en la toma de decisiones objetiva y fundamentada en datos y hechos.

Principios de la calidad total

La calidad total se fundamenta en una serie de principios que deben ser aplicados en toda la organización para lograr la excelencia empresarial. Estos principios son los siguientes:

Orientación al cliente: La satisfacción del cliente es el principal objetivo de la calidad total. Para lograrlo, es necesario conocer las necesidades y expectativas del cliente, y enfocar la empresa hacia su satisfacción.

Liderazgo: El liderazgo es fundamental para establecer los objetivos y la dirección de la organización. Los líderes deben ser los principales impulsores de la calidad total y deben comprometerse con ella.

Participación de los empleados: Los empleados son el activo más importante de la empresa, por lo que su participación activa y comprometida es esencial para lograr la calidad total.

Enfoque basado en procesos: La calidad total implica la gestión eficiente de los procesos internos de la empresa, desde la planificación hasta la ejecución y control.

Enfoque en la mejora continua: La calidad total se basa en la búsqueda constante de la mejora en todos los aspectos de la organización, desde la calidad de los productos y servicios hasta los procesos internos.

Toma de decisiones basada en datos y hechos: La toma de decisiones debe ser objetiva y basada en datos y hechos. La información debe ser recolectada, analizada y utilizada para la toma de decisiones.

Gestión de relaciones con los proveedores: La calidad total implica una gestión efectiva de las relaciones con los proveedores, para asegurar que los suministros sean de alta calidad y estén disponibles en el momento y lugar adecuados.

Técnicas para lograr la calidad total

Existen diversas técnicas y herramientas que se pueden utilizar para lograr la calidad total en una empresa. Entre ellas se encuentran las siguientes:

Diagramas de flujo: Los diagramas de flujo son una herramienta útil para analizar los procesos internos de la organización y detectar oportunidades de mejora. Estos diagramas permiten identificar cuellos de botella, redundancias y tiempos de espera innecesarios en los procesos.

Análisis FODA: El análisis FODA (Fortalezas, Oportunidades, Debilidades, Amenazas) es una herramienta útil para identificar los factores internos y externos que afectan a la empresa. Este análisis permite conocer las fortalezas y debilidades de la empresa, así como las oportunidades y amenazas del entorno en el que se desenvuelve.

Benchmarking: El benchmarking es una técnica que consiste en comparar los procesos y productos de la empresa con los de otras empresas líderes en su sector. Esta técnica permite identificar oportunidades de mejora y buenas prácticas que se pueden implementar en la propia empresa.

Kaizen: El Kaizen es una técnica japonesa que se basa en la mejora continua y gradual de los procesos de la empresa. Esta técnica implica la participación activa de todos los empleados en la búsqueda de oportunidades de mejora.

Control estadístico de procesos (CEP): El CEP es una técnica que permite monitorear los procesos de la empresa en tiempo real, para detectar desviaciones y corregirlas de forma inmediata. Esta técnica se basa en el uso de herramientas estadísticas para el análisis de los datos de los procesos.

Six Sigma: El Six Sigma es una técnica que busca reducir al mínimo la variación en los procesos de la empresa, para lograr la máxima eficiencia y calidad en la producción. Esta técnica se basa en el uso de herramientas estadísticas para el análisis de los procesos y la identificación de oportunidades de mejora.

Beneficios de la calidad total

La implementación de un sistema de gestión de calidad total puede generar diversos beneficios para la empresa. Entre ellos se encuentran los siguientes:

Mejora de la satisfacción del cliente: La calidad total tiene como objetivo principal la satisfacción del cliente, por lo que su implementación puede mejorar la percepción del cliente sobre la empresa y sus productos y servicios.

Reducción de costos: La mejora en los procesos internos de la empresa puede reducir los costos de producción y mejorar la eficiencia en la utilización de los recursos.

Mejora de la productividad: La calidad total implica la mejora continua de los procesos, lo que puede aumentar la productividad de la empresa y reducir los tiempos de producción.

Reducción de errores y defectos: La implementación de un sistema de gestión de calidad total puede reducir la cantidad de errores y defectos en los productos y servicios de la empresa, lo que se traduce en una mejora en la calidad y la percepción del cliente.

Mejora de la imagen de la empresa: La implementación de un sistema de gestión de calidad total puede mejorar la imagen de la empresa ante los clientes, proveedores y la sociedad en general, lo que puede generar un mayor reconocimiento y prestigio.

Mejora de la participación y motivación de los empleados: La participación activa de los empleados en la mejora continua de los procesos puede generar una mayor motivación y compromiso con la empresa.

Ejemplos de empresas con calidad total

A continuación, se presentan algunos ejemplos de empresas que han implementado sistemas de gestión de calidad total:

Toyota: Toyota es una empresa japonesa que ha implementado el sistema de producción Toyota, que se basa en la calidad total y la mejora continua de los procesos. Esta empresa se ha destacado por su eficiencia y calidad en la producción de vehículos.

Amazon: Amazon es una empresa estadounidense que ha implementado un sistema de gestión de calidad total en sus operaciones, lo que le ha permitido ofrecer un servicio de alta calidad a sus clientes.

McDonald's: McDonald's es una empresa de comida rápida que ha implementado un sistema de gestión de calidad total en sus procesos de producción, lo que le ha permitido ofrecer productos de alta calidad y satisfacer las expectativas de sus clientes.

Zara: Zara es una empresa española de moda que ha implementado un sistema de gestión de calidad total en sus procesos de producción, lo que le ha permitido ofrecer productos de alta calidad y adaptarse rápidamente a las tendencias del mercado.

Conclusión

La calidad total es un enfoque de gestión empresarial que se enfoca en la satisfacción del cliente a través de la mejora continua de los procesos internos de la organización. Este enfoque implica la participación activa de todos los empleados en la búsqueda de oportunidades de mejora y la implementación de sistemas de gestión de calidad total. La implementación de este enfoque puede generar diversos beneficios para la empresa, como la mejora de la satisfacción del cliente, la reducción de costos y la mejora de la productividad. Es importante destacar que la calidad total no es un objetivo aislado, sino un proceso continuo que requiere la participación y compromiso de todos los miembros de la organización.

CALIDAD EN LA CADENA DE SUMINISTRO

La gestión de la cadena de suministro es un proceso crítico para cualquier empresa que se dedique a la fabricación, venta o distribución de productos. La cadena de suministro es un sistema complejo que implica la coordinación de una serie de actividades, desde la adquisición de materias primas hasta la entrega de productos terminados al cliente. La calidad en la cadena de suministro es fundamental para garantizar que los productos y servicios sean seguros, confiables y satisfagan las necesidades del cliente. En este capítulo, se explorará la gestión de proveedores, compras y logística en la cadena de suministro, y se discutirán las mejores prácticas para garantizar la calidad en cada una de estas áreas.

Gestión de proveedores

La gestión de proveedores es un aspecto clave de la gestión de la cadena de suministro. Un proveedor es cualquier entidad que proporciona bienes o servicios a una empresa. La gestión de proveedores implica el proceso de seleccionar, evaluar y supervisar a los proveedores para asegurarse de que cumplan con los requisitos de calidad, costo y entrega de la empresa.

Selección de proveedores

La selección de proveedores es un proceso crítico que implica la evaluación de los proveedores para determinar su capacidad para proporcionar bienes o servicios de alta calidad a precios competitivos y en el plazo establecido. La selección de proveedores debe ser un proceso objetivo y basado en hechos. Las empresas deben considerar una serie de factores al seleccionar proveedores, incluyendo la calidad, la capacidad de producción, la experiencia y la capacidad financiera.

Evaluación de proveedores

La evaluación de proveedores es un proceso continuo que implica la supervisión y evaluación de los proveedores para asegurarse de que cumplan con los requisitos de calidad, costo y entrega de la empresa. Las empresas deben establecer un sistema de evaluación de proveedores que les permita evaluar regularmente el rendimiento de los proveedores. Los indicadores de rendimiento clave (KPI) que se deben medir incluyen la calidad de los productos, el cumplimiento de los plazos de entrega, la capacidad de respuesta y la eficacia del servicio al cliente.

Supervisión de proveedores

La supervisión de proveedores es un proceso continuo que implica el seguimiento y la supervisión del rendimiento de los proveedores para asegurarse de que cumplan con los requisitos de calidad, costo y entrega de la empresa. Las empresas deben establecer un sistema de supervisión de proveedores que les permita detectar problemas y oportunidades de mejora en el rendimiento de los proveedores. Las empresas deben asegurarse de que los proveedores cumplan con los estándares de calidad, seguridad y medio ambiente.

Compras

Las compras son un proceso clave en la cadena de suministro. Las compras implican la adquisición de materias primas, bienes y servicios necesarios para la producción de productos. Las compras también implican la gestión de los proveedores para asegurarse de que proporcionen productos y servicios de alta calidad en el plazo establecido y al precio acordado.

Proceso de compras

El proceso de compras implica una serie de actividades que comienzan con la identificación de la necesidad de adquirir un producto o servicio y termina con la entrega del producto o servicio al usuario final. El proceso de compras incluye las siguientes etapas:

Identificación de necesidades: Esta etapa implica la identificación de las necesidades de la empresa en términos de materias primas, bienes y servicios necesarios para la producción de productos o para la operación de la empresa.

Solicitud de cotizaciones: En esta etapa, la empresa envía solicitudes de cotizaciones a los proveedores potenciales para obtener precios y términos de entrega para los productos y servicios requeridos.

Evaluación de cotizaciones: La empresa debe evaluar las cotizaciones recibidas de los proveedores y seleccionar al proveedor más adecuado en función de factores como el precio, la calidad, el plazo de entrega y la capacidad de producción.

Negociación de términos: En esta etapa, la empresa negocia los términos y condiciones del acuerdo con el proveedor seleccionado. Esto puede incluir discutir precios, plazos de entrega, garantías y términos de pago.

Emisión de órdenes de compra: Una vez que se han acordado los términos y condiciones, la empresa emite una orden de compra al proveedor.

Recepción de bienes y servicios: La empresa recibe los bienes y servicios del proveedor y los inspecciona para asegurarse de que cumplen con los requisitos de calidad.

Pago de facturas: La empresa paga las facturas del proveedor de acuerdo con los términos acordados.

Gestión de inventarios

La gestión de inventarios es un proceso importante en la cadena de suministro. La gestión de inventarios implica el seguimiento y la gestión de los niveles de inventario de la empresa para asegurarse de que los productos estén disponibles para satisfacer las demandas de los clientes. La gestión de inventarios también implica la gestión de los costos de inventario para asegurarse de que los niveles de inventario sean óptimos.

Gestión de inventarios just-in-time

La gestión de inventarios just-in-time es un enfoque de gestión de inventarios que implica la entrega de productos justo a tiempo para satisfacer las demandas de los clientes. Este enfoque implica la reducción de los niveles de inventario para minimizar los costos de almacenamiento y maximizar la eficiencia de la cadena de suministro.

Gestión de inventarios de seguridad

La gestión de inventarios de seguridad implica la gestión de inventarios adicionales para garantizar que los productos estén disponibles para satisfacer las demandas de los clientes en caso de retrasos o interrupciones en la cadena de suministro.

Logística

La logística es un proceso clave en la cadena de suministro que implica la planificación, implementación y control del flujo de bienes, servicios e información desde el punto de origen hasta el punto de consumo. La logística incluye el transporte, el almacenamiento y la distribución de productos.

Transporte

El transporte es un aspecto crítico de la logística en la cadena de suministro. El transporte implica la entrega de productos desde el punto de origen hasta el punto de consumo. Las empresas deben seleccionar el modo de transporte más adecuado en función de factores como la distancia, la urgencia, el volumen y el costo.

Almacenamiento

El almacenamiento es un proceso importante en la logística que implica la gestión de inventarios y la gestión de espacios de almacenamiento para garantizar que los productos estén disponibles para satisfacer la demanda.

Distribución

La distribución es el proceso de entregar los productos desde el punto de almacenamiento hasta el punto de consumo. La distribución eficiente es importante para garantizar que los productos estén disponibles cuando los clientes los necesitan.

Gestión de la cadena de suministro y tecnología

La gestión de la cadena de suministro se ha vuelto cada vez más dependiente de la tecnología en los últimos años. La tecnología de la información ha mejorado significativamente la eficiencia de la cadena de suministro al permitir una mayor visibilidad y coordinación de los procesos de la cadena de suministro.

Sistemas de gestión de la cadena de suministro

Los sistemas de gestión de la cadena de suministro son herramientas de software que ayudan a las empresas a gestionar y coordinar los procesos de la cadena de suministro. Estos sistemas pueden ayudar a las empresas a mejorar la eficiencia de la cadena de suministro y reducir los costos.

Sistemas de planificación de recursos empresariales

Los sistemas de planificación de recursos empresariales son herramientas de software que ayudan a las empresas a gestionar sus procesos de negocio. Estos sistemas pueden ayudar a las empresas a coordinar sus procesos de la cadena de suministro con otros procesos empresariales, como la gestión de la contabilidad y la gestión de recursos humanos.

Tecnologías de identificación automática

Las tecnologías de identificación automática, como el código de barras y la tecnología de identificación por radiofrecuencia (RFID), son herramientas importantes en la gestión de la cadena de suministro. Estas tecnologías permiten a las empresas rastrear y gestionar sus productos a medida que se mueven a través de la cadena de suministro.

Sistemas de gestión de relaciones con proveedores

Los sistemas de gestión de relaciones con proveedores son herramientas de software que ayudan a las empresas a gestionar y coordinar sus relaciones con los proveedores. Estos sistemas pueden ayudar a las empresas a mejorar la comunicación con los proveedores y garantizar que los proveedores cumplan con los requisitos de calidad y plazo de entrega.

Conclusiones

La gestión de la cadena de suministro es un proceso crítico para la eficiencia y la rentabilidad de las empresas. La gestión de proveedores, compras y logística son aspectos importantes de la gestión de la cadena de suministro que pueden afectar significativamente la calidad y la eficiencia de la cadena de suministro. La tecnología de la información y las herramientas de software son cada vez más importantes en la gestión de la cadena de suministro, lo que permite una mayor visibilidad y coordinación de los procesos de la cadena de suministro.

CALIDAD EN LA PRODUCCIÓN

En el mundo empresarial, la calidad es uno de los factores más importantes para el éxito de cualquier organización. La calidad se refiere a la satisfacción de las necesidades y expectativas del cliente, y se logra a través de la implementación de procesos productivos eficientes y efectivos, la fabricación de productos de alta calidad y la implementación de un riguroso control de calidad en la producción.

En este capítulo, se discutirán los procesos productivos, la fabricación de productos y el control de calidad en la producción. Se explicarán los conceptos básicos de cada uno de ellos, sus objetivos y cómo pueden ser implementados de manera efectiva en una empresa. Además, se discutirán las herramientas y técnicas utilizadas en la mejora continua de la calidad y se explorarán los desafíos comunes en la implementación de procesos de calidad en la producción.

Procesos productivos

Un proceso productivo es un conjunto de actividades que se realizan de manera sistemática y ordenada para transformar materias primas en productos terminados. Los procesos productivos son esenciales para la producción de bienes y servicios de calidad, y su implementación efectiva es clave para garantizar la eficiencia y efectividad de la empresa.

Los procesos productivos pueden ser divididos en tres categorías principales: producción de bienes, producción de servicios y producción mixta. En la producción de bienes, el proceso productivo se enfoca en la transformación de materias primas en productos terminados. En la producción de servicios, el proceso productivo se enfoca en la entrega de un servicio de alta calidad a los clientes. En la producción mixta, el proceso productivo combina elementos de la producción de bienes y la producción de servicios.

El objetivo principal de los procesos productivos es garantizar la eficiencia en la producción, la calidad del producto y la satisfacción del cliente. Los procesos productivos también tienen como objetivo reducir los costos y aumentar la rentabilidad de la empresa. Una implementación efectiva de los procesos productivos requiere una planificación cuidadosa y un análisis detallado de cada etapa del proceso.

Fabricación de productos

La fabricación de productos se refiere al proceso de transformación de materias primas en productos terminados. La fabricación de productos es un componente clave de los procesos productivos y es esencial para garantizar la calidad del producto final.

La fabricación de productos implica varias etapas, que incluyen el diseño del producto, la selección de las materias primas, la producción y la distribución del producto. Cada etapa del proceso de fabricación es crucial para garantizar la calidad del producto final.

El diseño del producto es el primer paso en la fabricación de productos. El diseño del producto implica la identificación de las necesidades y expectativas del cliente y la creación de un producto que satisfaga esas necesidades y expectativas. Un diseño de producto efectivo debe considerar factores como la funcionalidad, la estética, la durabilidad y la facilidad de uso.

La selección de las materias primas es otro componente clave en la fabricación de productos. La selección de las materias primas debe basarse en la calidad, la disponibilidad y el costo de las materias primas. Es importante seleccionar materias primas de alta calidad para garantizar la calidad del producto final. La disponibilidad de las materias primas también es importante, ya que la falta de disponibilidad puede retrasar la producción y afectar la satisfacción del cliente. El costo de las materias primas también debe ser considerado, ya que el costo de las materias primas afecta la rentabilidad de la empresa.

La producción es la etapa en la que se transforman las materias primas en productos terminados. La producción puede ser llevada a cabo a través de diferentes métodos, como la producción en masa, la producción por lotes y la producción personalizada. El método de producción utilizado depende del tipo de producto y de las necesidades y expectativas del cliente.

La distribución del producto es la última etapa en la fabricación de productos. La distribución del producto implica el envío del producto al cliente. La distribución del producto puede ser realizada a través de diferentes canales, como la venta directa, la venta en línea y la venta a través de intermediarios.

Control de calidad en la producción

El control de calidad en la producción es un proceso que se enfoca en garantizar la calidad del producto final. El control de calidad en la producción implica la identificación y corrección de cualquier problema que pueda afectar la calidad del producto final. El control de calidad en la producción es esencial para garantizar la satisfacción del cliente y la rentabilidad de la empresa.

El control de calidad en la producción implica varias etapas, que incluyen el control de calidad durante la producción, el control de calidad en la inspección final y el control de calidad en la entrega del producto al cliente.

El control de calidad durante la producción se enfoca en identificar cualquier problema que pueda afectar la calidad del producto final durante el proceso de producción. El control de calidad durante la producción implica la utilización de herramientas y técnicas para monitorear y mejorar la calidad del producto durante todo el proceso de producción.

El control de calidad en la inspección final se enfoca en garantizar que el producto final cumpla con las especificaciones de calidad requeridas. El control de calidad en la inspección final implica la revisión y evaluación del producto final antes de su envío al cliente.

El control de calidad en la entrega del producto al cliente se enfoca en garantizar que el producto entregado al cliente cumpla con las expectativas del cliente y con las especificaciones de calidad requeridas. El control de calidad en la entrega del producto al cliente implica la implementación de procesos para garantizar la satisfacción del cliente y la resolución efectiva de cualquier problema que pueda surgir.

Herramientas y técnicas de mejora continua de la calidad

La mejora continua de la calidad es un proceso que se enfoca en la identificación y corrección de cualquier problema que pueda afectar la calidad del producto final. La mejora continua de la calidad implica la utilización de herramientas y técnicas para mejorar la eficiencia y efectividad de los procesos productivos, la fabricación de productos y el control de calidad en la producción.

Las herramientas y técnicas de mejora continua de la calidad incluyen la identificación y análisis de problemas, la implementación de procesos de mejora, el monitoreo y medición de la calidad, la utilización de herramientas estadísticas y la implementación de sistemas de gestión de calidad.

La identificación y análisis de problemas implica la identificación y análisis de cualquier problema que pueda afectar la calidad del producto final. La implementación de procesos de mejora implica la implementación de procesos para corregir los problemas identificados y mejorar la calidad del producto final.

El monitoreo y medición de la calidad implica la utilización de herramientas y técnicas para monitorear y medir la calidad del producto y los procesos productivos. La utilización de herramientas estadísticas implica el análisis de datos para identificar patrones y tendencias y para tomar decisiones informadas sobre cómo mejorar la calidad.

La implementación de sistemas de gestión de calidad implica la implementación de procesos y procedimientos para garantizar la calidad del producto y la eficiencia de los procesos productivos. Los sistemas de gestión de calidad también pueden ayudar a mejorar la comunicación y la colaboración entre los departamentos y a garantizar que se cumplan los objetivos de calidad y los requisitos de los clientes.

Algunas de las herramientas y técnicas de mejora continua de la calidad más comunes incluyen:

Diagrama de flujo: es una herramienta que se utiliza para visualizar los pasos en un proceso y para identificar problemas o cuellos de botella que puedan afectar la calidad del producto.

Diagrama de Pareto: es una herramienta que se utiliza para identificar los problemas más comunes en un proceso y para priorizar la corrección de esos problemas.

Análisis de causa raíz: es una técnica que se utiliza para identificar la causa subyacente de un problema y para implementar soluciones efectivas para corregir ese problema.

Control estadístico de procesos: es una técnica que se utiliza para monitorear y controlar la calidad del producto y los procesos productivos utilizando herramientas estadísticas como gráficos de control y análisis de capacidad.

Sistemas de gestión de calidad: incluyen sistemas como ISO 9001, que establecen requisitos para la gestión de la calidad en una organización y ayudan a garantizar la eficacia y eficiencia de los procesos productivos.

Conclusión

La calidad en la producción es esencial para garantizar la satisfacción del cliente y la rentabilidad de la empresa. La fabricación de productos de alta calidad requiere procesos productivos eficientes, la utilización de materias primas de alta calidad y un control de calidad efectivo en todas las etapas del proceso de producción.

El control de calidad en la producción implica la identificación y corrección de cualquier problema que pueda afectar la calidad del producto final. Las herramientas y técnicas de mejora continua de la calidad son esenciales para garantizar la eficacia y eficiencia de los procesos productivos y la fabricación de productos de alta calidad.

La implementación de sistemas de gestión de calidad también puede ayudar a garantizar la calidad del producto y la eficiencia de los procesos productivos y a mejorar la comunicación y colaboración entre los departamentos de la empresa.

En resumen, la calidad en la producción es un proceso complejo que requiere atención a cada detalle y una comprensión profunda de los procesos productivos y de la fabricación de productos. Con la implementación efectiva de herramientas y técnicas de mejora continua de la calidad y sistemas de gestión de calidad, una empresa puede garantizar la calidad de sus productos y la satisfacción del cliente.

CALIDAD EN LOS SERVICIOS

La calidad en los servicios es un tema cada vez más relevante en el mundo empresarial, ya que cada vez son más las empresas que ofrecen servicios en lugar de productos. La gestión de servicios, la atención al cliente y la satisfacción del cliente son aspectos clave para garantizar la calidad en los servicios. En este capítulo se abordarán estos tres temas y se analizarán las mejores prácticas para garantizar la calidad en los servicios.

Gestión de servicios

La gestión de servicios es el conjunto de procesos, herramientas y técnicas que se utilizan para planificar, diseñar, entregar, operar y controlar los servicios que ofrece una empresa. La gestión de servicios se centra en garantizar que los servicios cumplan con los requisitos de los clientes y con los objetivos de la empresa.

Para llevar a cabo una buena gestión de servicios, es necesario seguir los siguientes pasos:

Identificar las necesidades de los clientes: Es fundamental conocer las necesidades de los clientes para poder ofrecerles los servicios que necesitan. Para ello, es importante establecer una comunicación fluida con los clientes y realizar encuestas de satisfacción.

Definir los servicios: Una vez identificadas las necesidades de los clientes, es necesario definir los servicios que se van a ofrecer. Los servicios deben estar alineados con los objetivos de la empresa y deben ser factibles desde el punto de vista técnico y económico.

Diseñar los servicios: Una vez definidos los servicios, es necesario diseñarlos de manera que cumplan con los requisitos de los clientes y con los objetivos de la empresa. En esta fase se definirán los procesos, procedimientos y herramientas necesarias para la entrega de los servicios.

Entregar los servicios: Una vez diseñados los servicios, es necesario entregarlos a los clientes. En esta fase se pondrán en marcha los procesos y procedimientos definidos en la fase anterior.

Operar y controlar los servicios: Una vez entregados los servicios, es necesario operarlos y controlarlos para garantizar que cumplen con los requisitos de los clientes y con los objetivos de la empresa. En esta fase se monitorizará el rendimiento de los servicios y se realizarán mejoras continuas para garantizar su calidad.

Atención al cliente

La atención al cliente es otro aspecto clave para garantizar la calidad en los servicios. La atención al cliente se refiere al conjunto de acciones que se llevan a cabo para satisfacer las necesidades de los clientes y resolver sus problemas de manera rápida y eficiente.

Para ofrecer una buena atención al cliente, es necesario seguir los siguientes pasos:

Escuchar al cliente: Es fundamental escuchar al cliente para entender sus necesidades y preocupaciones. Es necesario prestar atención a sus comentarios y quejas para poder ofrecer una solución adecuada.

Ser amable y respetuoso: Es importante tratar al cliente con amabilidad y respeto en todo momento. Los clientes deben sentirse valorados y apreciados para poder establecer una buena relación con ellos.

Ofrecer soluciones rápidas y eficientes: Es necesario ofrecer soluciones rápidas y eficientes a los problemas de los clientes. Para ello, es importante contar con personal capacitado y con los recursos necesarios para resolver los problemas de manera rápida.

Mantener una comunicación fluida: Es importante mantener una comunicación fluida con los clientes para poder resolver sus problemas de manera eficiente. Es importante informarles sobre el estado de sus solicitudes o problemas y ofrecerles soluciones en tiempo y forma.

Personalizar el servicio: Cada cliente es único y tiene necesidades y preferencias diferentes. Es importante personalizar el servicio para cada cliente, ofreciendo soluciones a medida y adaptándose a sus necesidades.

Satisfacción del cliente

La satisfacción del cliente es el grado en el que los servicios ofrecidos por una empresa cumplen con las expectativas y necesidades de los clientes. La satisfacción del cliente es fundamental para el éxito de una empresa, ya que los clientes satisfechos son más propensos a volver y recomendar los servicios a otros.

Para medir la satisfacción del cliente, es necesario realizar encuestas de satisfacción y recopilar los comentarios y sugerencias de los clientes. Una vez recopilada esta información, es necesario analizarla y tomar medidas para mejorar los servicios y satisfacer las necesidades de los clientes.

Para mejorar la satisfacción del cliente, es necesario seguir los siguientes pasos:

Identificar las áreas de mejora: Es necesario identificar las áreas de mejora para poder ofrecer servicios que cumplan con las expectativas y necesidades de los clientes. Para ello, es importante recopilar y analizar la información sobre la satisfacción del cliente.

Establecer medidas de mejora: Una vez identificadas las áreas de mejora, es necesario establecer medidas para mejorar los servicios. Estas medidas pueden incluir la mejora de los procesos, la capacitación del personal o la incorporación de nuevas tecnologías.

Evaluar el impacto de las medidas: Es importante evaluar el impacto de las medidas de mejora para garantizar que se están obteniendo los resultados esperados. Para ello, es necesario seguir recopilando y analizando la información sobre la satisfacción del cliente.

Realizar mejoras continuas: La satisfacción del cliente es un proceso continuo y en constante evolución. Es necesario seguir realizando mejoras continuas para garantizar que los servicios ofrecidos cumplan con las expectativas y necesidades de los clientes.

Conclusiones

La calidad en los servicios es un tema cada vez más relevante en el mundo empresarial. La gestión de servicios, la atención al cliente y la satisfacción del cliente son aspectos clave para garantizar la calidad en los servicios.

Para garantizar la calidad en los servicios, es necesario identificar las necesidades de los clientes, diseñar servicios que cumplan con los requisitos de los clientes y con los objetivos de la empresa, ofrecer una buena atención al cliente y medir y mejorar continuamente la satisfacción del cliente.

La calidad en los servicios es fundamental para el éxito de una empresa. Las empresas que ofrecen servicios de alta calidad son más propensas a retener a sus clientes y a obtener nuevos clientes a través de las recomendaciones de los clientes satisfechos.

CALIDAD EN LA INGENIERÍA

El campo de la ingeniería ha experimentado una gran evolución en las últimas décadas, lo que ha llevado a una mayor complejidad en los productos, procesos y servicios que se desarrollan. Con la creciente demanda de calidad y eficiencia en estos ámbitos, la ingeniería ha adoptado un enfoque más holístico, considerando no solo la funcionalidad y la eficacia de los sistemas, sino también la satisfacción del usuario y la sostenibilidad ambiental y social.

En este capítulo, abordaremos el concepto de calidad en la ingeniería y su importancia en el diseño de productos, procesos y servicios. También discutiremos las técnicas de validación y verificación que se utilizan para asegurar la calidad de los sistemas, y cómo estas técnicas pueden ayudar a reducir los costos y mejorar la eficiencia.

Calidad en la ingeniería

La calidad es un concepto fundamental en la ingeniería, que se refiere a la satisfacción de los requisitos del usuario y la conformidad con los estándares de calidad establecidos. El concepto de calidad ha evolucionado con el tiempo, pasando de un enfoque centrado en la inspección y el control de calidad, a un enfoque más integral que aborda la calidad en todos los aspectos del ciclo de vida de los sistemas.

En la actualidad, la calidad se considera un factor clave para el éxito empresarial, ya que los clientes demandan productos y servicios de alta calidad que satisfagan sus necesidades y expectativas. La calidad es también un factor crítico para la sostenibilidad, ya que la mejora de la calidad puede contribuir a reducir el desperdicio, mejorar la eficiencia y proteger el medio ambiente.

La calidad en la ingeniería implica no solo la calidad del producto final, sino también la calidad del proceso de desarrollo y la calidad del servicio que se ofrece. Para lograr la calidad en todos estos ámbitos, se requiere un enfoque sistemático y holístico que aborde todos los aspectos del ciclo de vida del sistema.

Diseño de productos, procesos y servicios

El diseño es el proceso de definir las características y especificaciones de un sistema con el fin de cumplir los requisitos del usuario y los estándares de calidad establecidos. El diseño de productos, procesos y servicios es un aspecto clave de la ingeniería, ya que define la funcionalidad y la eficacia del sistema.

El diseño de productos implica la definición de las características y especificaciones de un producto con el fin de cumplir los requisitos del usuario y los estándares de calidad establecidos. El diseño de productos se centra en la funcionalidad, la eficiencia, la fiabilidad y la seguridad del producto. El diseño de productos también considera la estética, la ergonomía y la facilidad de uso del producto.

El diseño de procesos implica la definición de los procesos que se utilizan para producir un producto o servicio. El diseño de procesos se centra en la eficiencia, la calidad y la seguridad del proceso. El diseño de procesos también considera la sostenibilidad ambiental y social del proceso.

El diseño de servicios implica la definición de los servicios que se ofrecen al usuario con el fin de cumplir sus necesidades y expectativas. El diseño de servicios se centra en la calidad del servicio, la eficiencia del servicio y la satisfacción del usuario. El diseño de servicios también considera la experiencia del usuario, la accesibilidad y la sostenibilidad ambiental y social del servicio.

En el diseño de productos, procesos y servicios, es importante considerar no solo los requisitos del usuario, sino también los requisitos de las partes interesadas, como los reguladores, los proveedores y la comunidad. Además, el diseño debe tener en cuenta los recursos disponibles, como el presupuesto, el tiempo y los materiales.

Para lograr un diseño exitoso, es necesario utilizar técnicas de ingeniería y herramientas de diseño que permitan analizar y optimizar el sistema. Estas técnicas incluyen el análisis de requisitos, el modelado y simulación, la optimización y la gestión de riesgos.

Validación y verificación

La validación y verificación son técnicas que se utilizan para asegurar la calidad de los sistemas. La validación se refiere al proceso de confirmar que un sistema cumple con los requisitos y expectativas del usuario, mientras que la verificación se refiere al proceso de confirmar que un sistema cumple con los estándares de calidad y los requisitos técnicos.

La validación y verificación son esenciales para garantizar que los sistemas sean seguros, eficaces y confiables. Estas técnicas también pueden ayudar a reducir los costos y mejorar la eficiencia al identificar y corregir los problemas en las primeras etapas del ciclo de vida del sistema.

La validación y verificación se llevan a cabo en diferentes etapas del ciclo de vida del sistema, incluyendo la planificación, el diseño, la implementación y la operación. En la planificación, se definen los requisitos y expectativas del usuario y se establecen los criterios de aceptación. En el diseño, se verifica que el sistema cumpla con los requisitos y expectativas del usuario, y se valida que el sistema sea seguro, eficaz y confiable. En la implementación, se verifica que el sistema se haya construido de acuerdo con el diseño y los estándares de calidad establecidos. En la operación, se verifica que el sistema funcione correctamente y cumpla con los requisitos y expectativas del usuario.

Para llevar a cabo la validación y verificación, se utilizan diferentes técnicas y herramientas, como las pruebas, la inspección, la revisión por pares, la simulación y el modelado. Estas técnicas permiten identificar y corregir los problemas en las primeras etapas del ciclo de vida del sistema, lo que puede reducir los costos y mejorar la eficiencia.

Conclusiones

En este capítulo, hemos discutido el concepto de calidad en la ingeniería y su importancia en el diseño de productos, procesos y servicios. También hemos discutido las técnicas de validación y verificación que se utilizan para asegurar la calidad de los sistemas, y cómo estas técnicas pueden ayudar a reducir los costos y mejorar la eficiencia.

La calidad en la ingeniería es esencial para el éxito empresarial y la sostenibilidad ambiental y social. Para lograr la calidad en todos los aspectos del ciclo de vida del sistema, es necesario adoptar un enfoque sistemático y holístico que aborde todos los aspectos del diseño, implementación y operación del sistema.

La validación y verificación son técnicas clave para asegurar la calidad de los sistemas y reducir los costos y mejorar la eficiencia. Es importante utilizar estas técnicas en todas las etapas del ciclo de vida del sistema y utilizar las herramientas adecuadas para identificar y corregir los problemas en las primeras etapas del proceso.

Además, es importante tener en cuenta los requisitos y expectativas de todas las partes interesadas, incluidos los usuarios, los reguladores, los proveedores y la comunidad. Al considerar estos requisitos y expectativas, es posible diseñar sistemas que sean seguros, eficaces, confiables y sostenibles.

En conclusión, la calidad en la ingeniería es esencial para el éxito empresarial y la sostenibilidad ambiental y social. Para lograr la calidad, es necesario adoptar un enfoque sistemático y holístico que aborde todos los aspectos del ciclo de vida del sistema, desde el diseño hasta la operación. La validación y verificación son técnicas clave que se utilizan para asegurar la calidad de los sistemas y reducir los costos y mejorar la eficiencia. Es importante utilizar estas técnicas en todas las etapas del ciclo de vida del sistema y utilizar las herramientas adecuadas para identificar y corregir los problemas en las primeras etapas del proceso. Al considerar los requisitos y expectativas de todas las partes interesadas, es posible diseñar sistemas que sean seguros, eficaces, confiables y sostenibles.

TECNOLOGÍAS DE LA CALIDAD

La calidad es un concepto clave en cualquier empresa u organización, ya que afecta directamente a su éxito y supervivencia. La gestión de la calidad se refiere a la planificación, implementación y control de todas las actividades relacionadas con la calidad dentro de una organización. Hoy en día, la tecnología está transformando la forma en que se gestiona la calidad, ofreciendo herramientas y soluciones innovadoras que mejoran la eficiencia y efectividad en este ámbito.

En este capítulo se explorarán las diferentes tecnologías de la calidad disponibles actualmente, desde herramientas de software hasta dispositivos de seguimiento en tiempo real, que pueden ayudar a las empresas a mejorar su gestión de la calidad. También se analizarán las ventajas y desventajas de cada tecnología, así como su aplicabilidad en diferentes contextos empresariales.

Herramientas de software para la gestión de la calidad

Los sistemas de gestión de la calidad son esenciales para garantizar que una empresa cumpla con los requisitos y estándares de calidad necesarios. Los sistemas de gestión de la calidad suelen ser complejos y requieren una gran cantidad de documentación y seguimiento, por lo que la tecnología puede ser de gran ayuda en este sentido.

Entre las herramientas de software más comunes para la gestión de la calidad se encuentran los sistemas de gestión de calidad basados en la nube, como ISOtrain, EQMS y Qualityze. Estos sistemas permiten a las empresas almacenar y gestionar documentos y registros relacionados con la calidad, así como automatizar procesos y flujos de trabajo relacionados con la gestión de la calidad.

Otra herramienta de software importante para la gestión de la calidad son los sistemas de gestión de procesos de negocio (BPM), como Promapp y Bizagi. Estos sistemas permiten a las empresas documentar y modelar sus procesos empresariales y garantizar que se sigan correctamente. Además, los sistemas BPM pueden integrarse con otros sistemas de gestión de calidad para mejorar la eficiencia y efectividad en la gestión de la calidad.

La tecnología también está transformando la forma en que se gestionan las auditorías de calidad. Los sistemas de gestión de auditorías basados en la nube, como Auditrunner y Ideagen, permiten a las empresas realizar auditorías en línea, programar auditorías y automatizar el seguimiento de las no conformidades y acciones correctivas.

Ventajas y desventajas de las herramientas de software para la gestión de la calidad

Las herramientas de software para la gestión de la calidad ofrecen numerosas ventajas para las empresas, como la automatización de procesos, la reducción de errores y la mejora de la eficiencia y efectividad en la gestión de la calidad. Sin embargo, también presentan algunas desventajas.

Por ejemplo, las herramientas de software pueden ser costosas de implementar y mantener, lo que puede ser una barrera para las pequeñas empresas. Además, algunos sistemas de gestión de la calidad pueden ser complejos y requieren una curva de aprendizaje, lo que puede dificultar su adopción por parte de los empleados.

Dispositivos de seguimiento en tiempo real para la gestión de la calidad

La tecnología también está transformando la forma en que se realizan las inspecciones y el seguimiento de la calidad. Los dispositivos de seguimiento en tiempo real, como los sensores y las cámaras de vídeo, permiten a las empresas supervisar y medir la calidad de sus productos y procesos en tiempo real.

Por ejemplo, los sensores pueden utilizarse para medir la temperatura, la humedad y otras variables importantes en el proceso de fabricación. Si se detecta una desviación en los valores, los sensores pueden enviar una alerta para que se tomen medidas correctivas de inmediato.

Las cámaras de vídeo también pueden utilizarse para supervisar los procesos de producción y detectar posibles problemas o defectos en los productos. Además, la tecnología de visión por ordenador puede utilizarse para analizar imágenes y detectar automáticamente defectos o anomalías.

Ventajas y desventajas de los dispositivos de seguimiento en tiempo real para la gestión de la calidad

Los dispositivos de seguimiento en tiempo real ofrecen ventajas importantes para la gestión de la calidad, como la detección temprana de problemas, la reducción de costos y el aumento de la eficiencia en la producción. Sin embargo, también presentan algunas desventajas.

Por ejemplo, la instalación y configuración de los dispositivos de seguimiento en tiempo real puede ser costosa y compleja. Además, algunos dispositivos pueden requerir una gran cantidad de mantenimiento y calibración, lo que puede ser una carga adicional para los empleados encargados de la gestión de la calidad.

Herramientas de inteligencia artificial y análisis de datos para la gestión de la calidad

La inteligencia artificial y el análisis de datos son herramientas cada vez más utilizadas en la gestión de la calidad. La inteligencia artificial puede utilizarse para analizar grandes cantidades de datos y detectar patrones y tendencias importantes en la calidad y los procesos de producción.

Por ejemplo, los algoritmos de aprendizaje automático pueden utilizarse para identificar las causas subyacentes de los problemas de calidad y sugerir soluciones para prevenirlos en el futuro. Además, la inteligencia artificial puede utilizarse para analizar datos de clientes y de mercado y mejorar la comprensión de las necesidades y preferencias de los clientes.

El análisis de datos también es una herramienta importante para la gestión de la calidad. Los datos pueden utilizarse para medir y monitorizar la calidad de los productos y procesos, identificar tendencias y patrones, y tomar decisiones informadas sobre mejoras en la calidad.

Ventajas y desventajas de las herramientas de inteligencia artificial y análisis de datos para la gestión de la calidad

Las herramientas de inteligencia artificial y análisis de datos ofrecen numerosas ventajas para la gestión de la calidad, como la detección temprana de problemas, la mejora de la eficiencia y efectividad en la producción, y la mejora de la comprensión de las necesidades y preferencias de los clientes. Sin embargo, también presentan algunas desventajas.

Por ejemplo, el análisis de datos puede ser complejo y requiere habilidades especializadas, lo que puede ser una barrera para las pequeñas empresas. Además, el uso de la inteligencia artificial en la gestión de la calidad plantea preocupaciones éticas y de privacidad que deben ser abordadas adecuadamente.

Conclusiones

En resumen, la tecnología está transformando la forma en que se gestiona la calidad, ofreciendo herramientas y soluciones innovadoras que mejoran la eficiencia y efectividad en este ámbito. Las herramientas de software, dispositivos de seguimiento en tiempo real, y herramientas de inteligencia artificial y análisis de datos son solo algunas de las tecnologías que pueden ayudar a las empresas a medir y mejorar la calidad de sus productos y procesos.

Sin embargo, es importante recordar que la tecnología por sí sola no es suficiente. La gestión de la calidad requiere un enfoque holístico y la colaboración de todo el equipo de la empresa. Además, la tecnología debe utilizarse de manera estratégica y adecuada a las necesidades específicas de la empresa y sus clientes.

En definitiva, la tecnología puede ser una herramienta poderosa para mejorar la calidad, pero es importante tener en cuenta que la calidad es responsabilidad de todos en la empresa y que se debe trabajar en conjunto para alcanzar los objetivos de calidad y satisfacer a los clientes.

COSTOS DE CALIDAD

El capítulo de Costos de calidad es una parte importante de la gestión de la calidad en las empresas. En este capítulo, se aborda la medición y el análisis de los costos de calidad, y se examina el impacto que estos costos tienen en la rentabilidad empresarial. A lo largo de este capítulo, se discuten los diferentes tipos de costos de calidad, cómo medirlos y analizarlos, y cómo se relacionan con la gestión de la calidad en general.

Introducción

La gestión de la calidad es un enfoque sistemático para mejorar la calidad de los productos y servicios de una empresa. La calidad puede definirse como la satisfacción del cliente con los productos y servicios que se ofrecen. Una empresa que se enfoca en la calidad debe tratar de superar las expectativas de sus clientes. Para lograr esto, se deben establecer procesos que permitan identificar y eliminar los errores y defectos que afectan la calidad.

Una de las herramientas más importantes para la gestión de la calidad es la medición y análisis de los costos de calidad. Los costos de calidad son los costos asociados con el esfuerzo para prevenir errores y defectos, y para corregirlos si se producen. Estos costos pueden ser internos o externos a la empresa. Los costos internos incluyen los costos de prevención, los costos de evaluación y los costos de fallas internas. Los costos externos incluyen los costos de fallas externas, que son los costos asociados con la insatisfacción del cliente y las reclamaciones.

En este capítulo, se explorará la medición y el análisis de los costos de calidad. Se discutirán los diferentes tipos de costos de calidad, cómo medirlos y analizarlos, y cómo se relacionan con la gestión de la calidad en general.

Tipos de costos de calidad

Los costos de calidad se dividen en cuatro categorías:

Costos de prevención

Los costos de prevención son los costos asociados con la prevención de errores y defectos. Estos costos pueden incluir la capacitación del personal, la adquisición de equipos de prueba y medición, la mejora de los procesos y la implementación de programas de aseguramiento de calidad. Los costos de prevención se incurren antes de que se produzcan los errores y defectos.

Costos de evaluación

Los costos de evaluación son los costos asociados con la evaluación de los productos y servicios para asegurar que cumplan con los requisitos de calidad. Estos costos pueden incluir la inspección, la revisión de documentos y la realización de pruebas de calidad. Los costos de evaluación se incurren durante el proceso de producción y antes de que se entreguen los productos o servicios al cliente.

Costos de fallas internas

Los costos de fallas internas son los costos asociados con la corrección de errores y defectos antes de que los productos o servicios sean entregados al cliente. Estos costos pueden incluir el retrabajo, la reparación, el reemplazo de componentes y la pérdida de tiempo de producción. Los costos de fallas internas se incurren cuando los errores y defectos se detectan antes de la entrega de los productos o servicios al cliente.

Costos de fallas externas

Los costos de fallas externas son los costos asociados con la insatisfacción del cliente y las reclamaciones. Estos costos pueden incluir los costos de garantía, los costos de devolución y los costos de reparación o reemplazo de productos defectuosos. Los costos de fallas externas se incurren después de que los productos o servicios han sido entregados al cliente.

Medición de los costos de calidad

La medición de los costos de calidad es importante para determinar el impacto de la calidad en la rentabilidad empresarial. Los costos de calidad se pueden medir utilizando varios métodos, que incluyen:

Método de costos reales

El método de costos reales implica el registro de todos los costos de calidad reales que se han incurrido. Este método es útil para determinar los costos de calidad reales, pero puede ser difícil de implementar debido a la complejidad de la contabilidad y la necesidad de una buena documentación.

Método de costos porcentuales

El método de costos porcentuales implica la asignación de un porcentaje de los costos totales de producción a los costos de calidad. Este método es más fácil de implementar que el método de costos reales, pero puede ser menos preciso.

Método de muestreo

El método de muestreo implica la selección aleatoria de una muestra de productos o servicios para su evaluación de calidad. Los costos de calidad se estiman en función de la proporción de productos o servicios defectuosos en la muestra. Este método es menos preciso que los métodos anteriores, pero puede ser útil para evaluar rápidamente la calidad de los productos o servicios.

Análisis de los costos de calidad

El análisis de los costos de calidad es importante para determinar el impacto de la calidad en la rentabilidad empresarial. Los costos de calidad se pueden analizar utilizando varios métodos, que incluyen:

Análisis de tendencias

El análisis de tendencias implica el seguimiento de los costos de calidad a lo largo del tiempo para identificar patrones y tendencias. Este análisis puede ayudar a identificar los problemas de calidad que están afectando la rentabilidad empresarial.

Análisis de causa y efecto

El análisis de causa y efecto implica la identificación de las causas de los costos de calidad y la determinación de las medidas que se pueden tomar para reducir estos costos. Este análisis puede ayudar a mejorar la calidad de los productos y servicios y reducir los costos de calidad a largo plazo.

Análisis de costos-beneficios

El análisis de costos-beneficios implica la evaluación de los costos de calidad en relación con los beneficios que se obtienen de la mejora de la calidad. Este análisis puede ayudar a determinar si los costos de calidad justifican la inversión en programas de mejora de la calidad.

Impacto de los costos de calidad en la rentabilidad empresarial

Los costos de calidad pueden tener un impacto significativo en la rentabilidad empresarial. Los costos de calidad pueden aumentar los costos totales de producción y reducir los márgenes de beneficio. Además, los costos de calidad pueden afectar la satisfacción del cliente y la imagen de marca, lo que puede tener un impacto negativo en las ventas y la rentabilidad a largo plazo.

Por otro lado, la mejora de la calidad puede reducir los costos de calidad a largo plazo y aumentar la satisfacción del cliente y la lealtad, lo que puede tener un impacto positivo en las ventas y la rentabilidad a largo plazo.

Es importante tener en cuenta que los costos de calidad no son una medida única del éxito empresarial. La rentabilidad empresarial se ve afectada por una amplia gama de factores, como la innovación, la eficiencia operativa y la estrategia de marketing. Sin embargo, la calidad es un factor clave que puede tener un impacto significativo en la rentabilidad empresarial a largo plazo.

Conclusión

En conclusión, los costos de calidad son una medida importante del impacto de la calidad en la rentabilidad empresarial. Los costos de calidad se pueden dividir en cuatro categorías: prevención, evaluación, internas y externas. Los costos de calidad se pueden medir utilizando varios métodos, que incluyen el método de costos reales, el método de costos porcentuales y el método de muestreo. Los costos de calidad se pueden analizar utilizando varios métodos, que incluyen el análisis de tendencias, el análisis de causa y efecto y el análisis de costos-beneficios. Los costos de calidad pueden tener un impacto significativo en la rentabilidad empresarial a largo plazo, y la mejora de la calidad puede reducir los costos de calidad y aumentar la satisfacción del cliente y la lealtad. Por lo tanto, es importante que las empresas se centren en mejorar la calidad para maximizar la rentabilidad empresarial a largo plazo.

RECURSOS HUMANOS Y CALIDAD

La gestión de la calidad es un proceso clave en cualquier organización, especialmente en el ámbito industrial. La calidad es un factor determinante para asegurar la satisfacción del cliente, la eficiencia en los procesos, la reducción de costos y la mejora continua en el desempeño de la empresa. Sin embargo, la calidad no se puede alcanzar únicamente a través de herramientas y tecnologías, sino que también requiere de un enfoque en el factor humano.

En este capítulo, se discutirá la importancia del factor humano en la gestión de la calidad industrial, y cómo los recursos humanos pueden ser utilizados para mejorar la calidad y el desempeño de la empresa. Se explorarán los diferentes aspectos de la gestión de recursos humanos, incluyendo la selección, capacitación, motivación y retención de personal, y cómo estos factores pueden influir en la calidad del producto o servicio final.

Selección de personal

La selección de personal es el primer paso para establecer un equipo de trabajo eficiente y comprometido con la calidad. Es importante seleccionar a los candidatos que posean las habilidades, conocimientos y actitudes necesarias para cumplir con los objetivos de calidad de la organización. Además, es importante tener en cuenta otros factores como la experiencia, la educación, la personalidad y la capacidad para trabajar en equipo.

Para llevar a cabo una selección adecuada, se deben establecer criterios claros y objetivos, que estén relacionados con las necesidades específicas de la organización. Es recomendable utilizar diferentes técnicas de evaluación, como entrevistas, pruebas psicológicas, dinámicas de grupo y referencias laborales, para obtener una visión completa de las habilidades y características de los candidatos.

Una vez seleccionados los candidatos, es importante asegurarse de que estén debidamente informados sobre los objetivos y políticas de calidad de la empresa, y que se les brinde una adecuada inducción y capacitación. Esto permitirá que los nuevos empleados se integren de manera efectiva al equipo de trabajo, comprendan su papel en el proceso de producción y estén comprometidos con la calidad.

Capacitación y desarrollo

La capacitación y el desarrollo son esenciales para mejorar las habilidades y conocimientos de los empleados, lo que a su vez contribuye a mejorar la calidad de los productos y servicios. La capacitación puede ser proporcionada de diferentes maneras, como a través de cursos presenciales, en línea, talleres, seminarios y programas de mentoría.

La capacitación debe estar orientada a mejorar las habilidades técnicas y de gestión, así como a desarrollar habilidades blandas, como la comunicación, el trabajo en equipo y el liderazgo. Además, es importante que la capacitación esté diseñada para abordar las necesidades específicas de cada puesto de trabajo, lo que permitirá mejorar el desempeño de los empleados y su contribución a la calidad final del producto o servicio.

La capacitación no debe ser vista como un gasto, sino como una inversión que puede generar importantes beneficios a largo plazo. Los empleados capacitados tienen un mayor sentido de pertenencia, están más comprometidos y motivados, lo que se traduce en una mayor productividad, calidad y rentabilidad para la organización.

Motivación y retención

La motivación y la retención son factores críticos para asegurar que los empleados estén comprometidos con la calidad y el desempeño de la organización. La motivación se refiere al impulso interno que impulsa a los empleados a lograr los objetivos de la organización y a superar sus propios límites. La retención, por otro lado, se refiere a la capacidad de la organización para retener a sus empleados talentosos y comprometidos.

Existen diferentes estrategias para motivar y retener a los empleados, como ofrecer salarios y beneficios competitivos, oportunidades de crecimiento y desarrollo, reconocimiento y recompensas por el desempeño excepcional. Además, es importante crear un ambiente de trabajo saludable y respetuoso, que promueva la colaboración, la comunicación abierta y la retroalimentación constructiva.

La motivación y la retención son especialmente importantes en el ámbito industrial, donde la calidad del producto final depende en gran medida de la experiencia y habilidades de los empleados. La rotación frecuente de personal puede tener un impacto negativo en la calidad, ya que los nuevos empleados pueden tardar en adaptarse al proceso de producción y no estar familiarizados con los estándares de calidad de la organización.

Comunicación y participación

La comunicación y la participación de los empleados son fundamentales para una gestión efectiva de la calidad. La comunicación clara y efectiva permite a los empleados conocer los objetivos y políticas de calidad de la organización, comprender su papel en el proceso de producción y colaborar de manera efectiva con sus compañeros.

La participación de los empleados, por su parte, permite que los trabajadores aporten ideas y sugerencias para mejorar la calidad y eficiencia del proceso de producción. La participación puede lograrse a través de diferentes estrategias, como la creación de equipos de mejora continua, la realización de encuestas de satisfacción y la implementación de programas de sugerencias.

La participación de los empleados no solo mejora la calidad del producto final, sino que también puede tener un impacto positivo en la moral y la motivación de los empleados. Los empleados que se sienten valorados y escuchados tienen un mayor sentido de pertenencia y compromiso con la organización, lo que a su vez se traduce en una mayor calidad y eficiencia en el proceso de producción.

Evaluación y mejora continua

La evaluación y la mejora continua son fundamentales para asegurar la calidad en el ámbito industrial. La evaluación permite a la organización medir su desempeño en relación con los estándares de calidad establecidos, identificar áreas de mejora y tomar medidas correctivas para mejorar la calidad del producto final.

La mejora continua implica el establecimiento de objetivos de calidad claros y medibles, la identificación de las causas raíz de los problemas de calidad, la implementación de soluciones efectivas y el monitoreo constante del desempeño de la organización.

La mejora continua no es un proceso aislado, sino que debe involucrar a todos los empleados de la organización. Es importante fomentar una cultura de mejora continua, donde se valoren las ideas y sugerencias de los empleados y se trabaje en equipo para identificar y resolver problemas de calidad.

Conclusiones

En conclusión, la gestión de la calidad industrial no puede ser efectiva sin un enfoque en el factor humano. Los recursos humanos son fundamentales para asegurar la calidad en el ámbito industrial, ya que los empleados son los responsables de producir los productos y servicios de la organización. Una gestión efectiva de la calidad industrial debe tomar en cuenta los factores humanos y diseñar estrategias para motivar, retener, comunicar y evaluar a los empleados.

La motivación y la retención de los empleados son especialmente importantes en el ámbito industrial, donde la calidad del producto final depende en gran medida de la experiencia y habilidades de los empleados. Es importante ofrecer salarios y beneficios competitivos, oportunidades de crecimiento y desarrollo, reconocimiento y recompensas por el desempeño excepcional, así como crear un ambiente de trabajo saludable y respetuoso.

La comunicación y la participación de los empleados son fundamentales para una gestión efectiva de la calidad. La comunicación clara y efectiva permite a los empleados conocer los objetivos y políticas de calidad de la organización, comprender su papel en el proceso de producción y colaborar de manera efectiva con sus compañeros. La participación de los empleados, por su parte, permite que los trabajadores aporten ideas y sugerencias para mejorar la calidad y eficiencia del proceso de producción.

La evaluación y la mejora continua son fundamentales para asegurar la calidad en el ámbito industrial. La evaluación permite a la organización medir su desempeño en relación con los estándares de calidad establecidos, identificar áreas de mejora y tomar medidas correctivas para mejorar la calidad del producto final. La mejora continua implica el establecimiento de objetivos de calidad claros y medibles, la identificación de las causas raíz de los problemas de calidad, la implementación de soluciones efectivas y el monitoreo constante del desempeño de la organización.

En resumen, la gestión de la calidad industrial debe tener en cuenta el factor humano para ser efectiva. Los recursos humanos son fundamentales para asegurar la calidad en el ámbito industrial, y las estrategias para motivar, retener, comunicar y evaluar a los empleados son esenciales para lograr una gestión efectiva de la calidad. La mejora continua también es fundamental para asegurar la calidad en el ámbito industrial, y debe involucrar a todos los empleados de la organización en una cultura de mejora continua.

RESPONSABILIDAD SOCIAL Y CALIDAD

La responsabilidad social empresarial (RSE) es un concepto que se refiere a la capacidad de las empresas de contribuir positivamente a la sociedad en la que operan, más allá de su responsabilidad financiera y legal. En este contexto, la calidad se ha convertido en un factor clave de la RSE, ya que contribuye a garantizar que los productos y servicios que ofrece la empresa cumplan con los requisitos de calidad, seguridad y fiabilidad que demandan los clientes y la sociedad en general.

En este capítulo, se examinará la relación entre la calidad y la RSE, y se analizarán los beneficios que se derivan de la integración de la calidad en la estrategia de RSE de las empresas. Se abordarán también los desafíos que enfrentan las empresas al intentar integrar la calidad en su estrategia de RSE y se proporcionarán algunas recomendaciones prácticas para superar estos desafíos.

Calidad y Responsabilidad Social Empresarial

La calidad es un concepto clave en la RSE porque las empresas que ofrecen productos y servicios de alta calidad son más propensas a ser percibidas como responsables y confiables por sus clientes y la sociedad en general. La calidad es un requisito fundamental para garantizar la satisfacción de los clientes, la retención de los mismos y el mantenimiento de una buena reputación de la empresa. Por tanto, la calidad es una parte integral de la estrategia de RSE de las empresas.

La integración de la calidad en la estrategia de RSE de una empresa implica la adopción de un enfoque integral que abarque todos los aspectos relacionados con la calidad, desde el diseño de los productos y servicios hasta la entrega final al cliente. Este enfoque debe ser consistente con los valores y principios de la empresa en materia de RSE, y debe tener en cuenta las expectativas de los clientes y la sociedad en general.

Beneficios de la integración de la calidad en la RSE

La integración de la calidad en la estrategia de RSE de una empresa tiene varios beneficios para la empresa y la sociedad en general. A continuación, se presentan algunos de estos beneficios:

Mejora la satisfacción del cliente: La calidad es fundamental para garantizar la satisfacción del cliente. Si los productos y servicios ofrecidos por la empresa cumplen con los requisitos de calidad, los clientes estarán más satisfechos y serán más propensos a recomendar la empresa a otros clientes potenciales.

Mejora la reputación de la empresa: Una empresa que ofrece productos y servicios de alta calidad es percibida como más confiable y responsable por la sociedad en general. Esto puede mejorar la reputación de la empresa y aumentar su atractivo para los inversores, los clientes y otros stakeholders.

Reduce los costos: La adopción de prácticas de calidad puede ayudar a reducir los costos de la empresa al mejorar la eficiencia y la productividad. Esto puede traducirse en una mayor rentabilidad y una mejora en el rendimiento financiero de la empresa.

Aumenta la lealtad del empleado: La integración de la calidad en la estrategia de RSE puede mejorar la lealtad y el compromiso de los empleados con la empresa. Los empleados que trabajan en una empresa que se preocupa por la calidad y la responsabilidad social suelen estar más motivados y comprometidos con su trabajo.

Mejora la imagen de marca: La integración de la calidad en la estrategia de RSE puede mejorar la imagen de marca de la empresa. Una empresa que se preocupa por la calidad y la responsabilidad social puede ser percibida como más atractiva y confiable por los consumidores y otros stakeholders.

Desafíos de la integración de la calidad en la RSE

A pesar de los beneficios de la integración de la calidad en la estrategia de RSE, hay varios desafíos que las empresas pueden enfrentar al intentar implementar esta estrategia. Algunos de estos desafíos son los siguientes:

Falta de recursos: La implementación de prácticas de calidad puede ser costosa para las empresas, especialmente para las pequeñas y medianas empresas que tienen recursos limitados.

Falta de conocimientos y habilidades: La implementación de prácticas de calidad requiere conocimientos y habilidades específicos que pueden no estar disponibles dentro de la empresa.

Falta de apoyo interno: La implementación de prácticas de calidad puede requerir cambios en los procesos y la cultura organizacional de la empresa, lo que puede no ser bien recibido por algunos empleados y directivos.

Falta de compromiso de la dirección: La implementación de prácticas de calidad requiere un compromiso fuerte y sostenido por parte de la dirección de la empresa. Si la dirección no está comprometida con la estrategia de calidad, es poco probable que tenga éxito.

Dificultades de medición: La medición del impacto de la integración de la calidad en la estrategia de RSE puede ser difícil y costosa. Es necesario disponer de indicadores precisos y fiables para medir el impacto de la calidad en la satisfacción del cliente, la rentabilidad y otros aspectos clave del rendimiento empresarial.

Recomendaciones para la integración de la calidad en la RSE

A continuación, se presentan algunas recomendaciones prácticas para superar los desafíos asociados a la integración de la calidad en la estrategia de RSE:

Desarrollar una visión clara: La dirección de la empresa debe desarrollar una visión clara y compartida de lo que significa la calidad y la responsabilidad social para la empresa. Esta visión debe ser comunicada claramente a todos los empleados y stakeholders de la empresa.

Establecer objetivos claros: La empresa debe establecer objetivos claros y medibles para la integración de la calidad en la estrategia de RSE. Estos objetivos deben estar alineados con la visión de la empresa y deben ser realistas y alcanzables.

Asignar recursos adecuados: La empresa debe asignar recursos adecuados para implementar prácticas de calidad. Esto puede incluir la contratación de personal con habilidades y conocimientos específicos en calidad, la inversión en tecnología y la formación de los empleados.

Comprometer a los empleados: Es importante que los empleados estén comprometidos con la estrategia de calidad y responsabilidad social de la empresa. La empresa puede lograr esto involucrando a los empleados en la planificación y la implementación de prácticas de calidad.

Medir el impacto: La empresa debe disponer de indicadores precisos y fiables para medir el impacto de la integración de la calidad en la estrategia de RSE. Estos indicadores deben ser monitoreados de manera regular y se deben realizar ajustes según sea necesario para garantizar que la estrategia esté teniendo el impacto deseado.

Integrar la calidad en la cultura organizacional: La calidad y la responsabilidad social deben ser parte de la cultura organizacional de la empresa. La empresa debe fomentar una cultura de mejora continua y responsabilidad social en toda la organización.

Comunicar los logros: La empresa debe comunicar sus logros en calidad y responsabilidad social a todos los stakeholders, incluidos los consumidores, los empleados, los proveedores y la comunidad en general. Esto puede mejorar la imagen de marca de la empresa y aumentar la confianza de los stakeholders.

Ejemplos de empresas que han integrado la calidad en su estrategia de RSE

A continuación, se presentan algunos ejemplos de empresas que han integrado la calidad en su estrategia de RSE:

Ford: Ford ha integrado la calidad en su estrategia de RSE a través de su programa global de calidad. Este programa se centra en la mejora continua de la calidad en toda la empresa y ha resultado en mejoras significativas en la satisfacción del cliente y la rentabilidad.

Nestlé: Nestlé ha integrado la calidad en su estrategia de RSE a través de su programa de certificación de calidad. Este programa se centra en garantizar la calidad de los productos de Nestlé en todas las etapas de la cadena de suministro. El programa ha resultado en mejoras significativas en la calidad de los productos de Nestlé y ha mejorado la confianza de los consumidores en la marca.

IBM: IBM ha integrado la calidad en su estrategia de RSE a través de su programa de mejora continua. Este programa se centra en la mejora continua de los procesos y la calidad en toda la empresa y ha resultado en mejoras significativas en la satisfacción del cliente y la rentabilidad.

Conclusión

La integración de la calidad en la estrategia de RSE puede proporcionar importantes beneficios para las empresas, incluida la mejora de la satisfacción del cliente, la rentabilidad y la imagen de marca. Sin embargo, también puede haber desafíos asociados con la implementación de esta estrategia, como la falta de recursos, conocimientos y habilidades, apoyo interno y compromiso de la dirección. Las empresas pueden superar estos desafíos al desarrollar una visión clara, establecer objetivos claros, asignar recursos adecuados, comprometer a los empleados, medir el impacto, integrar la calidad en la cultura organizacional y comunicar los logros. Ejemplos de empresas exitosas en la integración de la calidad en su estrategia de RSE incluyen Ford, Nestlé e IBM. En última instancia, la integración de la calidad en la estrategia de RSE puede ayudar a las empresas a mejorar su desempeño y contribuir positivamente a la sociedad en su conjunto.

SEGURIDAD INDUSTRIAL: GESTIÓN DE RIESGOS, PREVENCIÓN DE ACCIDENTES Y SEGURIDAD LABORAL

La seguridad industrial es un tema crítico en la mayoría de los entornos industriales y comerciales. Las empresas y organizaciones tienen la responsabilidad de proporcionar un ambiente de trabajo seguro para sus empleados y visitantes. La gestión de riesgos, la prevención de accidentes y la seguridad laboral son fundamentales para garantizar la seguridad de todas las personas en el lugar de trabajo. En este capítulo, se analizará en detalle estos tres elementos y se ofrecerán consejos útiles para mejorar la seguridad en el entorno laboral.

Gestión de Riesgos

La gestión de riesgos es un proceso sistemático de identificación, evaluación y control de los riesgos que enfrenta una organización. Los riesgos pueden ser físicos, químicos, biológicos o psicológicos y pueden afectar a los empleados, al público y al medio ambiente. La gestión de riesgos implica identificar los riesgos, evaluar su probabilidad de ocurrencia y su impacto, y tomar medidas para controlar o mitigar los riesgos.

Identificación de Riesgos

La identificación de los riesgos es el primer paso en la gestión de riesgos. Los riesgos pueden ser evidentes o pueden requerir una evaluación más detallada. La identificación de riesgos puede ser llevada a cabo por el personal de la empresa o por consultores especializados. Algunas de las fuentes de riesgos comunes en el lugar de trabajo incluyen:

Maquinaria y equipos: La maquinaria y los equipos pueden ser fuentes de riesgos físicos si no se mantienen adecuadamente o si se utilizan incorrectamente.

Productos químicos: Los productos químicos pueden ser fuentes de riesgos químicos si no se manejan correctamente o si se almacenan incorrectamente.

Ergonomía: La ergonomía se refiere a la relación entre el trabajador y su entorno de trabajo. La falta de ergonomía puede provocar lesiones musculoesqueléticas.

Ruido: El ruido puede ser un riesgo físico y psicológico en el lugar de trabajo si no se controla adecuadamente.

Iluminación: La iluminación deficiente puede causar fatiga visual y otros problemas de salud.

Evaluación de Riesgos

Una vez que se han identificado los riesgos, se debe llevar a cabo una evaluación para determinar su probabilidad de ocurrencia y su impacto. La evaluación de riesgos se puede llevar a cabo utilizando técnicas cualitativas o cuantitativas. Las técnicas cualitativas se basan en la opinión de los expertos, mientras que las técnicas cuantitativas utilizan datos objetivos para calcular la probabilidad y el impacto de los riesgos.

Control de Riesgos

El control de riesgos implica tomar medidas para controlar o mitigar los riesgos identificados. Los controles pueden ser técnicos, administrativos o personales. Los controles técnicos incluyen modificaciones de ingeniería, como el uso de barreras o la eliminación de peligros. Los controles administrativos incluyen políticas y procedimientos para minimizar el riesgo. Los controles personales incluyen el uso de equipos de protección personal, como guantes o gafas de seguridad.

Prevención de Accidentes

La prevención de accidentes es un aspecto crítico de la seguridad industrial. Los accidentes pueden tener consecuencias graves para los empleados, los clientes y la empresa en general, como pérdida de productividad, costos de compensación y daño a la reputación de la empresa. La prevención de accidentes implica tomar medidas proactivas para identificar y eliminar las causas de los accidentes.

Investigación de Accidentes

La investigación de accidentes es un proceso importante para identificar las causas de los accidentes y prevenir su recurrencia. La investigación de accidentes debe ser llevada a cabo por personal capacitado y debe seguir un proceso sistemático. El objetivo de la investigación de accidentes es identificar las causas inmediatas y subyacentes del accidente para tomar medidas para prevenir su recurrencia.

Seguridad en el Diseño

La seguridad en el diseño es un enfoque preventivo que se utiliza para incorporar la seguridad en el diseño de productos, equipos y sistemas. El objetivo es minimizar los riesgos para la salud y la seguridad desde el inicio del proceso de diseño. La seguridad en el diseño implica la evaluación y la eliminación de riesgos potenciales antes de la producción.

Capacitación de los Empleados

La capacitación de los empleados es esencial para prevenir accidentes. Los empleados deben estar capacitados en las políticas y procedimientos de seguridad de la empresa, así como en el uso seguro de maquinaria, equipos y productos químicos. La capacitación también debe incluir cómo reconocer y reportar situaciones peligrosas.

Seguridad Laboral

La seguridad laboral es la responsabilidad de la empresa para proporcionar un ambiente de trabajo seguro y saludable para sus empleados. La seguridad laboral es fundamental para proteger la salud y el bienestar de los empleados, así como para mejorar la productividad y la eficiencia en el lugar de trabajo.

Evaluación de Riesgos Laborales

La evaluación de riesgos laborales es un proceso para identificar y evaluar los riesgos para la salud y la seguridad de los empleados en el lugar de trabajo. La evaluación de riesgos laborales debe ser llevada a cabo por personal capacitado y debe incluir la identificación de riesgos físicos, químicos, biológicos y psicológicos.

Controles de Ingeniería

Los controles de ingeniería implican la eliminación o reducción de los riesgos en el lugar de trabajo mediante la modificación de los procesos de trabajo, los equipos y los sistemas. Algunos ejemplos de controles de ingeniería incluyen la instalación de sistemas de ventilación para controlar la exposición a productos químicos, la eliminación de escalones y obstáculos para prevenir tropiezos y caídas, y la mejora de la iluminación para prevenir fatiga visual.

Controles Administrativos

Los controles administrativos implican la implementación de políticas y procedimientos para minimizar los riesgos en el lugar de trabajo. Algunos ejemplos de controles administrativos incluyen la capacitación de los empleados en seguridad laboral, la implementación de programas de inspección y mantenimiento de equipos y sistemas, y la implementación de procedimientos de emergencia para prevenir o controlar situaciones peligrosas.

Equipo de Protección Personal

El equipo de protección personal (EPP) es una herramienta importante para prevenir lesiones y enfermedades en el lugar de trabajo. El EPP incluye equipo como cascos, guantes, gafas de seguridad y respiradores. El EPP debe ser seleccionado y utilizado correctamente para garantizar la protección adecuada del trabajador. La empresa es responsable de proporcionar el EPP adecuado y de capacitar a los empleados en su uso y mantenimiento.

Programa de Salud y Bienestar

Un programa de salud y bienestar puede ayudar a prevenir enfermedades y lesiones relacionadas con el trabajo, así como mejorar la calidad de vida de los empleados. Los programas de salud y bienestar pueden incluir actividades como la promoción de la actividad física, la educación sobre nutrición, la prevención del tabaquismo y la gestión del estrés.

Gestión de Emergencias

La gestión de emergencias es la planificación y preparación para situaciones de emergencia en el lugar de trabajo. La gestión de emergencias incluye la implementación de procedimientos de emergencia, la capacitación de los empleados en la respuesta a emergencias y la realización de simulacros de emergencia.

Cumplimiento Normativo

El cumplimiento normativo es el cumplimiento de las leyes y regulaciones relacionadas con la salud y la seguridad en el lugar de trabajo. Las leyes y regulaciones pueden variar según el país y la industria, y es importante que la empresa esté al tanto de las normativas aplicables y cumpla con ellas para evitar multas y sanciones.

Conclusiones

En conclusión, la seguridad industrial es fundamental para proteger la salud y el bienestar de los trabajadores, así como para mejorar la productividad y la eficiencia en el lugar de trabajo. La gestión de riesgos, la prevención de accidentes y la seguridad laboral son aspectos clave de la seguridad industrial. La identificación y evaluación de riesgos, la implementación de controles preventivos y la capacitación de los empleados son medidas esenciales para prevenir accidentes y lesiones en el lugar de trabajo. La implementación de programas de salud y bienestar y la gestión de emergencias también son importantes para la seguridad industrial. El cumplimiento normativo es necesario para evitar multas y sanciones, y para garantizar la seguridad y el bienestar de los empleados. En resumen, la seguridad industrial es un aspecto crítico de cualquier empresa y debe ser una prioridad para proteger la salud y el bienestar de los trabajadores, así como para garantizar la eficiencia y la productividad en el lugar de trabajo.

CALIDAD EN LA GESTIÓN AMBIENTAL: GESTIÓN AMBIENTAL, SOSTENIBILIDAD Y RESPONSABILIDAD AMBIENTAL EMPRESARIAL

La gestión ambiental es un tema crucial en la actualidad debido a la creciente preocupación por el medio ambiente y la sostenibilidad. La responsabilidad ambiental empresarial se ha convertido en una parte integral de la gestión empresarial moderna. En este capítulo, se explorará el concepto de gestión ambiental, sostenibilidad y responsabilidad ambiental empresarial. Se examinarán las estrategias y prácticas utilizadas por las empresas para mejorar la calidad de su gestión ambiental y su compromiso con la sostenibilidad. Además, se analizarán los desafíos que enfrentan las empresas al tratar de implementar prácticas de gestión ambiental sostenibles.

Gestión Ambiental

La gestión ambiental es el proceso mediante el cual las empresas identifican, evalúan y controlan los impactos ambientales de sus actividades. El objetivo de la gestión ambiental es reducir al mínimo los impactos negativos de las actividades empresariales en el medio ambiente y maximizar los beneficios para la sociedad y el medio ambiente. La gestión ambiental es un proceso continuo que implica la identificación de problemas ambientales, la evaluación de riesgos, la implementación de estrategias y prácticas de gestión ambiental y la medición y evaluación continua de los resultados.

Las empresas pueden utilizar diversas herramientas y enfoques para implementar prácticas de gestión ambiental efectivas. Estos incluyen:

Análisis del ciclo de vida: Este enfoque implica la evaluación de todo el ciclo de vida de un producto o servicio, desde la extracción de materias primas hasta su disposición final. El objetivo es identificar los impactos ambientales a lo largo del ciclo de vida y desarrollar estrategias para minimizar estos impactos.

Evaluación de impacto ambiental: Este enfoque implica la evaluación de los impactos ambientales de un proyecto o actividad antes de que se lleve a cabo. El objetivo es identificar los impactos negativos y desarrollar estrategias para minimizar o mitigar estos impactos.

Certificación ambiental: Las empresas pueden buscar la certificación ambiental de terceros para demostrar su compromiso con la gestión ambiental y la sostenibilidad. Las certificaciones ambientales más comunes incluyen ISO 14001 y el Sistema de Gestión Ambiental EMAS.

Mejora continua: La gestión ambiental es un proceso continuo que implica la identificación de problemas ambientales, la implementación de estrategias de gestión ambiental y la medición y evaluación continua de los resultados. Las empresas pueden utilizar la mejora continua para mejorar continuamente sus prácticas de gestión ambiental.

Sostenibilidad

La sostenibilidad es un concepto clave en la gestión ambiental empresarial. La sostenibilidad implica el equilibrio entre el desarrollo económico, social y ambiental. Las empresas que buscan la sostenibilidad buscan equilibrar sus objetivos comerciales con la protección del medio ambiente y el bienestar social.

La sostenibilidad empresarial implica la implementación de prácticas y estrategias que equilibren los objetivos económicos, ambientales y sociales. Estas prácticas pueden incluir:

Reducción de emisiones de gases de efecto invernadero: Las empresas pueden reducir sus emisiones de gases de efecto invernadero al implementar prácticas de eficiencia energética, utilizar fuentes de energía renovable y mejorar la eficiencia de sus procesos productivos.

Uso eficiente de los recursos: Las empresas pueden implementar prácticas de gestión de recursos para reducir el consumo de agua, energía y materiales. Esto puede incluir la implementación de tecnologías más eficientes, la optimización de procesos y la gestión de residuos.

Responsabilidad social: Las empresas pueden tener un impacto positivo en la sociedad al apoyar iniciativas sociales, promover la diversidad y la inclusión en el lugar de trabajo, y mantener altos estándares éticos y de gobernanza.

Desarrollo de productos y servicios sostenibles: Las empresas pueden desarrollar productos y servicios que sean más sostenibles y tengan un menor impacto ambiental. Esto puede incluir el uso de materiales reciclables, la reducción del embalaje y la promoción de prácticas sostenibles entre los consumidores.

Responsabilidad ambiental empresarial

La responsabilidad ambiental empresarial implica el compromiso de las empresas con la gestión ambiental y la sostenibilidad. Las empresas pueden asumir responsabilidad ambiental a través de prácticas de gestión ambiental sostenibles y transparentes, la promoción de la sostenibilidad en la cadena de suministro y la colaboración con otros actores clave para abordar los desafíos ambientales globales.

Las empresas pueden demostrar su responsabilidad ambiental a través de la medición y divulgación de su desempeño ambiental. Esto puede incluir la medición y divulgación de emisiones de gases de efecto invernadero, la gestión de residuos, el uso de energía y agua, y la implementación de prácticas sostenibles en la cadena de suministro. La divulgación transparente de esta información puede aumentar la confianza y la credibilidad de las empresas y mejorar su reputación.

Desafíos de la gestión ambiental sostenible

La implementación de prácticas de gestión ambiental sostenibles puede ser un desafío para las empresas. Algunos de los desafíos más comunes incluyen:

Costos: La implementación de prácticas de gestión ambiental sostenibles puede ser costosa, especialmente para las pequeñas y medianas empresas con recursos limitados.

Falta de conocimiento: Las empresas pueden carecer de conocimientos y habilidades para implementar prácticas de gestión ambiental sostenibles de manera efectiva.

Complejidad de la cadena de suministro: La gestión ambiental sostenible puede ser difícil de implementar en toda la cadena de suministro, especialmente cuando los proveedores no cumplen con los mismos estándares ambientales.

Cambios en la cultura organizacional: La implementación de prácticas de gestión ambiental sostenibles puede requerir cambios significativos en la cultura organizacional de la empresa.

Conclusión

La gestión ambiental sostenible y la responsabilidad ambiental empresarial son aspectos importantes de la gestión empresarial moderna. Las empresas que implementan prácticas de gestión ambiental sostenibles pueden mejorar su reputación, reducir costos y mejorar su impacto ambiental y social. Sin embargo, la implementación de prácticas de gestión ambiental sostenibles puede ser un desafío para las empresas debido a los costos, la falta de conocimientos, la complejidad de la cadena de suministro y la necesidad de cambios en la cultura organizacional.

Es importante que las empresas comprendan la importancia de la gestión ambiental sostenible y la responsabilidad ambiental empresarial y se comprometan a implementar prácticas que minimicen su impacto ambiental y social. Las empresas también deben colaborar con otros actores clave, incluidos los gobiernos, las ONG y los consumidores, para abordar los desafíos ambientales globales.

En última instancia, la gestión ambiental sostenible y la responsabilidad ambiental empresarial son esenciales para garantizar un futuro sostenible para todos. Al trabajar juntos, podemos abordar los desafíos ambientales y sociales actuales y crear un mundo más próspero y justo para las generaciones futuras.

TENDENCIAS Y FUTURO DE LA CALIDAD INDUSTRIAL: INNOVACIONES, RETOS Y OPORTUNIDADES EN LA GESTIÓN DE LA CALIDAD INDUSTRIAL

La calidad industrial es una disciplina que se ocupa de garantizar que los productos y servicios producidos por una organización cumplan con los requisitos establecidos por los clientes y las regulaciones. En los últimos años, se han producido importantes innovaciones en la gestión de la calidad industrial, y se han planteado nuevos desafíos y oportunidades para los profesionales que trabajan en este campo. En este capítulo, se examinarán algunas de las tendencias más importantes en la gestión de la calidad industrial, y se discutirán las innovaciones, retos y oportunidades que se presentan en el futuro.

Tendencias en la calidad industrial

La gestión de la calidad industrial se ha desarrollado significativamente en las últimas décadas. Desde la introducción de los sistemas de calidad en la década de 1980, se han producido importantes avances en la forma en que se entiende y gestiona la calidad industrial. A continuación, se describen algunas de las tendencias más importantes en la gestión de la calidad industrial.

Enfoque en el cliente

En la gestión de la calidad industrial, cada vez se presta más atención al cliente. La satisfacción del cliente es un factor clave para el éxito de una organización, y por lo tanto, la calidad de los productos y servicios debe estar diseñada y gestionada con el objetivo de satisfacer las necesidades y expectativas de los clientes. En este sentido, la calidad industrial se ha convertido en una disciplina centrada en el cliente, en la que se busca entender sus necesidades y expectativas, y se diseñan los procesos para satisfacerlas.

Gestión de procesos

La gestión de procesos se ha convertido en una parte fundamental de la gestión de la calidad industrial. Los procesos son la forma en que se producen los productos y servicios, y por lo tanto, su gestión es fundamental para garantizar la calidad. La gestión de procesos implica el diseño, implementación, monitorización y mejora de los procesos para garantizar la calidad y la eficiencia.

Mejora continua

La mejora continua es una parte integral de la gestión de la calidad industrial. La mejora continua implica la identificación de oportunidades de mejora en los procesos y la implementación de medidas para mejorar la calidad y la eficiencia. La mejora continua se basa en la idea de que siempre hay margen para mejorar, y por lo tanto, la organización debe estar en constante evolución para mantenerse competitiva.

Enfoque en la prevención

La gestión de la calidad industrial se ha movido de un enfoque de detección de problemas a un enfoque de prevención de problemas. La prevención implica la identificación temprana de problemas potenciales y la implementación de medidas para evitar que ocurran. Esto es importante porque la detección de problemas después de que se han producido puede ser costoso y puede tener un impacto negativo en la reputación de la organización.

Innovaciones en la gestión de la calidad industrial

En los últimos años, se han producido importantes innovaciones en la gestión de la calidad industrial. Estas innovaciones han sido impulsadas por avances tecnológicos y cambios en la forma en que se entiende la calidad industrial. A continuación, se describen algunas de las innovaciones más importantes en la gestión de la calidad industrial.

Big Data

El big data se refiere a la gestión y análisis de grandes cantidades de datos. En la gestión de la calidad industrial, el big data se puede utilizar para analizar datos de producción y calidad, lo que puede ayudar a identificar patrones y tendencias en los procesos de producción. Esto puede ser especialmente útil para la identificación temprana de problemas y la implementación de medidas preventivas. El uso del big data también puede mejorar la toma de decisiones en la gestión de la calidad industrial, ya que proporciona una base sólida para la toma de decisiones informadas.

Internet de las cosas (IoT)

El Internet de las cosas (IoT) se refiere a la conexión de dispositivos y objetos cotidianos a internet. En la gestión de la calidad industrial, el IoT puede utilizarse para conectar sensores a los procesos de producción, lo que permite monitorizar los procesos de producción en tiempo real y recopilar datos para el análisis. El IoT también puede utilizarse para conectar productos a internet, lo que permite monitorizar su uso y recopilar información sobre la satisfacción del cliente. Esto puede ser especialmente útil para la identificación de problemas y la implementación de medidas preventivas.

Inteligencia artificial (IA)

La inteligencia artificial (IA) se refiere a la capacidad de las máquinas para aprender y realizar tareas que normalmente requerirían inteligencia humana. En la gestión de la calidad industrial, la IA puede utilizarse para analizar datos y tomar decisiones informadas sobre la calidad y la eficiencia de los procesos de producción. La IA también puede utilizarse para la identificación temprana de problemas y la implementación de medidas preventivas.

Realidad aumentada (RA)

La realidad aumentada (RA) se refiere a la superposición de elementos virtuales sobre el mundo real. En la gestión de la calidad industrial, la RA puede utilizarse para proporcionar información en tiempo real sobre los procesos de producción y los productos. Esto puede ser especialmente útil para la identificación de problemas y la implementación de medidas preventivas.

Retos en la gestión de la calidad industrial

Aunque se han producido importantes innovaciones en la gestión de la calidad industrial, también se presentan retos significativos. Algunos de estos retos son:

Cambio constante

La gestión de la calidad industrial debe estar en constante evolución para mantenerse al día con los cambios en la tecnología, los requisitos reglamentarios y las necesidades del cliente. Esto puede ser un desafío para las organizaciones, ya que puede requerir una inversión significativa en tiempo y recursos.

Ciberseguridad

La conexión de dispositivos y procesos a internet presenta riesgos significativos de ciberseguridad. La seguridad de los datos y los sistemas es fundamental para la gestión de la calidad industrial, y las organizaciones deben implementar medidas de seguridad robustas para proteger sus sistemas.

Integración de sistemas

La integración de sistemas es un desafío significativo en la gestión de la calidad industrial. Las organizaciones deben integrar sistemas de calidad con otros sistemas, como sistemas de gestión de la cadena de suministro y sistemas de gestión de la producción. Esto puede ser un desafío, ya que los sistemas pueden ser incompatibles entre sí.

Oportunidades en la gestión de la calidad industrial

A pesar de los retos, la gestión de la calidad industrial también presenta importantes oportunidades. Algunas de estas oportunidades son:

Mejora de la eficiencia

La gestión de la calidad industrial puede mejorar significativamente la eficiencia de los procesos productivos. La identificación temprana de problemas y la implementación de medidas preventivas pueden reducir los tiempos de inactividad y mejorar la eficiencia del proceso en general. Además, la implementación de técnicas de mejora continua, como Lean y Six Sigma, pueden ayudar a identificar y eliminar los desperdicios y las ineficiencias en los procesos.

Mejora de la calidad del producto

La gestión de la calidad industrial también puede mejorar la calidad del producto. La implementación de sistemas de control de calidad, como ISO 9001, puede ayudar a garantizar que los productos cumplan con los requisitos del cliente y los estándares reglamentarios. Además, la recopilación y análisis de datos de calidad puede ayudar a identificar áreas de mejora en el producto y en el proceso de producción.

Mejora de la satisfacción del cliente

La gestión de la calidad industrial puede mejorar significativamente la satisfacción del cliente. La implementación de sistemas de control de calidad y la mejora continua pueden ayudar a garantizar que los productos cumplan con los requisitos del cliente y sean entregados a tiempo. Además, la recopilación y análisis de datos de satisfacción del cliente puede ayudar a identificar áreas de mejora en el producto y en el proceso de producción.

Reducción de costos

La gestión de la calidad industrial también puede ayudar a reducir los costos de producción. La identificación temprana de problemas y la implementación de medidas preventivas pueden reducir los costos de reparación y los tiempos de inactividad. Además, la implementación de técnicas de mejora continua, como Lean y Six Sigma, pueden ayudar a reducir los desperdicios y las ineficiencias en los procesos.

Conclusiones

La gestión de la calidad industrial es fundamental para garantizar la eficiencia y la calidad en los procesos de producción. Las innovaciones tecnológicas, como el big data, el Internet de las cosas, la inteligencia artificial y la realidad aumentada, están transformando la gestión de la calidad industrial y presentando nuevas oportunidades para mejorar la eficiencia, la calidad del producto y la satisfacción del cliente.

Sin embargo, también se presentan retos significativos, como el cambio constante, la ciberseguridad y la integración de sistemas. Las organizaciones deben estar preparadas para enfrentar estos retos y aprovechar las oportunidades que presenta la gestión de la calidad industrial.

En última instancia, la gestión de la calidad industrial es un proceso continuo de mejora y evolución. Las organizaciones deben estar dispuestas a invertir en tiempo y recursos para mantenerse al día con las últimas innovaciones y requisitos reglamentarios, y para garantizar la eficiencia y la calidad en los procesos de producción.

98

INTRODUCCIÓN A LAS HERRAMIENTAS DE CALIDAD INDUSTRIAL AUTOMOTRIZ

En la industria automotriz, la calidad es un factor crucial para el éxito de cualquier empresa. Los clientes esperan que los vehículos que compran sean seguros, confiables y duraderos. Para asegurar la calidad, se utilizan herramientas y técnicas específicas de control de calidad que garantizan que los vehículos producidos cumplan con los estándares de calidad requeridos. En este capítulo, se discutirán algunas de las herramientas de calidad utilizadas en la industria automotriz para garantizar la satisfacción del cliente y el éxito empresarial.

Herramientas de calidad industrial automotriz

Análisis de causa raíz (RCA)

El análisis de causa raíz (RCA) es una técnica utilizada para identificar la causa raíz de un problema en el proceso de producción. En la industria automotriz, se utiliza para encontrar la causa raíz de un problema en un vehículo que ha sido producido y se ha encontrado un defecto en el mismo. El objetivo del RCA es identificar la causa raíz del problema y tomar medidas correctivas para eliminarlo.

El proceso de RCA implica la identificación de los síntomas del problema, la identificación de las causas posibles del problema, la identificación de la causa raíz real y la toma de medidas correctivas. Es una herramienta importante en la industria automotriz para garantizar la calidad y la satisfacción del cliente.

Diagrama de Pareto

El diagrama de Pareto es una herramienta utilizada para identificar los problemas más comunes en un proceso de producción. En la industria automotriz, se utiliza para identificar los problemas más comunes en la producción de vehículos. El diagrama de Pareto muestra los problemas en orden descendente de importancia, lo que permite al equipo de producción centrarse en los problemas más importantes y abordarlos primero.

El proceso de creación de un diagrama de Pareto implica la recopilación de datos sobre los problemas en la producción de vehículos, la identificación de los problemas más comunes y la creación del diagrama. Es una herramienta importante para la gestión de la calidad en la industria automotriz.

Diagrama de Ishikawa

El diagrama de Ishikawa, también conocido como diagrama de espina de pescado, es una herramienta utilizada para identificar las causas de un problema en un proceso de producción. En la industria automotriz, se utiliza para identificar las causas de los problemas en la producción de vehículos. El diagrama de Ishikawa muestra las causas del problema en una estructura de espina de pescado, lo que permite al equipo de producción identificar las causas raíz del problema.

El proceso de creación de un diagrama de Ishikawa implica la identificación del problema, la identificación de las causas posibles del problema, la creación del diagrama y la toma de medidas correctivas. Es una herramienta importante para la gestión de la calidad en la industria automotriz.

Control estadístico de procesos (SPC)

El control estadístico de procesos (SPC) es una herramienta utilizada para medir y controlar la calidad en la producción de vehículos. En la industria automotriz, el SPC se utiliza para medir las variables del proceso de producción y garantizar que los vehículos producidos cumplan con los estándares de calidad.

El proceso de SPC implica la recopilación de datos sobre las variables del proceso de producción, el análisis de los datos y la toma de medidas correctivas en caso de desviaciones. Es una herramienta importante para garantizar la calidad y la consistencia en la producción de vehículos.

Planificación avanzada de la calidad del producto (APQP)

La planificación avanzada de la calidad del producto (APQP) es una herramienta utilizada para garantizar la calidad del producto en la fase de diseño del vehículo. En la industria automotriz, el APQP se utiliza para garantizar que el diseño del vehículo cumpla con los requisitos de calidad antes de la producción.

El proceso de APQP implica la identificación de los requisitos del cliente, la definición del diseño del vehículo, la identificación de los riesgos del diseño y la implementación de medidas preventivas. Es una herramienta importante para garantizar la calidad desde el inicio del proceso de producción.

Análisis de modo y efecto de fallas (FMEA)

El análisis de modo y efecto de fallas (FMEA) es una herramienta utilizada para identificar y eliminar los riesgos potenciales en el proceso de producción. En la industria automotriz, se utiliza para identificar los riesgos potenciales en la producción de vehículos y tomar medidas preventivas para evitarlos.

El proceso de FMEA implica la identificación de los modos de falla potenciales, la evaluación de los efectos de la falla, la identificación de las causas de la falla y la implementación de medidas preventivas. Es una herramienta importante para garantizar la calidad y la seguridad en la producción de vehículos.

Herramientas de mejora continua

Las herramientas de mejora continua, como el ciclo PDCA (Planificar, Hacer, Verificar, Actuar) y el Kaizen (mejora continua), son utilizadas en la industria automotriz para mejorar continuamente los procesos de producción y garantizar la calidad.

El proceso de mejora continua implica la identificación de los problemas, la definición de los objetivos, la implementación de medidas de mejora y la evaluación de los resultados. Es una herramienta importante para garantizar la calidad y la eficiencia en la producción de vehículos.

Conclusión

En resumen, la industria automotriz utiliza diversas herramientas de calidad para garantizar la calidad de los vehículos producidos. Estas herramientas incluyen el análisis de causa raíz, el diagrama de Pareto, el diagrama de Ishikawa, el control estadístico de procesos, la planificación avanzada de la calidad del producto, el análisis de modo y efecto de fallas y las herramientas de mejora continua. El uso de estas herramientas es esencial para garantizar la satisfacción del cliente y el éxito empresarial en la industria automotriz.

102

La biblia del ingeniero industrial – Calidad y Estadística

análisis de modo y efecto de fallas y las herramientas de mejora continua. El uso de estas herramientas es esencial para garantizar la satisfacción del cliente y el éxito empresarial en la industria automotriz.

ANÁLISIS DE MODO Y EFECTO DE FALLAS (FMEA)

El análisis de modo y efecto de fallas (FMEA, por sus siglas en inglés) es una metodología que se utiliza para identificar y evaluar posibles fallas en un proceso, producto o sistema. Se trata de un proceso sistemático y detallado que permite identificar los modos de falla posibles, analizar las causas que podrían generarlos y evaluar los efectos que tendrían en el proceso o sistema.

El FMEA es una herramienta importante en la gestión de la calidad, ya que permite identificar y prevenir posibles problemas antes de que ocurran. En este capítulo, se describirá en detalle la metodología del FMEA, sus objetivos, sus componentes y su aplicación en diferentes ámbitos.

Objetivos del FMEA:

El FMEA tiene varios objetivos, entre los que se incluyen:

Identificar los modos de falla posibles de un proceso, producto o sistema.

Analizar las causas que podrían generar cada modo de falla.

Evaluar los efectos que tendrían cada modo de falla en el proceso o sistema.

Priorizar los modos de falla según su severidad, probabilidad de ocurrencia y capacidad de detección.

Identificar acciones preventivas y correctivas para minimizar o eliminar los modos de falla identificados.

Componentes del FMEA:

El FMEA se compone de tres partes principales: el análisis de modo de falla, el análisis de efecto de falla y el análisis de causa de falla. A continuación, se describirá cada una de estas partes con más detalle.

Análisis de modo de falla: En esta parte del FMEA, se identifican los posibles modos de falla de un proceso, producto o sistema. Un modo de falla es una manera en que el proceso o sistema podría fallar o no cumplir con los requisitos esperados. Por ejemplo, si estamos analizando el proceso de producción de una pieza de maquinaria, un modo de falla podría ser una grieta en la pieza debido a una mala soldadura.

Análisis de efecto de falla: En esta parte del FMEA, se evalúan los efectos que tendría cada modo de falla identificado. Los efectos pueden ser físicos, financieros o de seguridad, dependiendo del tipo de proceso o sistema que se esté analizando. Por ejemplo, si el modo de falla es una grieta en una pieza de maquinaria, el efecto podría ser la falla del equipo durante su uso.

Análisis de causa de falla: En esta parte del FMEA, se analizan las causas que podrían generar cada modo de falla. Las causas pueden ser variadas, desde problemas de diseño hasta problemas en la ejecución del proceso. Por ejemplo, si el modo de falla es una grieta en una pieza de maquinaria, la causa podría ser una mala soldadura debido a un mal ajuste de la máquina soldadora.

Aplicación del FMEA:

El FMEA se puede aplicar en diferentes ámbitos, como la industria manufacturera, la industria farmacéutica, la industria automotriz, la construcción, entre otros. A continuación, se describirá cómo se aplica el FMEA en cada uno de estos ámbitos.

Industria manufacturera: En la industria manufacturera, el FMEA se utiliza para identificar y prevenir posibles fallas en los procesos de producción. Por ejemplo, si se está produciendo una pieza de maquinaria, el FMEA se puede utilizar para identificar los posibles modos de falla en el proceso de producción, como una mala soldadura o un mal ensamblaje de las piezas. Además, el FMEA también se puede utilizar para evaluar los efectos que tendría cada modo de falla en la calidad del producto y para identificar las causas que podrían generar cada modo de falla.

Industria farmacéutica: En la industria farmacéutica, el FMEA se utiliza para identificar y prevenir posibles fallas en los procesos de producción de medicamentos. Por ejemplo, el FMEA se puede utilizar para identificar los posibles modos de falla en la producción de un medicamento, como la contaminación del producto o la mezcla incorrecta de ingredientes. Además, el FMEA también se puede utilizar para evaluar los efectos que tendría cada modo de falla en la calidad del producto y para identificar las causas que podrían generar cada modo de falla.

Industria automotriz: En la industria automotriz, el FMEA se utiliza para identificar y prevenir posibles fallas en los procesos de producción de vehículos. Por ejemplo, el FMEA se puede utilizar para identificar los posibles modos de falla en la producción de un vehículo, como la falla del sistema de frenos o la falla del sistema de suspensión. Además, el FMEA también se puede utilizar para evaluar los efectos que tendría cada modo de falla en la seguridad del vehículo y para identificar las causas que podrían generar cada modo de falla.

Construcción: En la construcción, el FMEA se utiliza para identificar y prevenir posibles fallas en el proceso de construcción de edificios o estructuras. Por ejemplo, el FMEA se puede utilizar para identificar los posibles modos de falla en el proceso de construcción de un puente, como la falla en la estructura debido a la falta de mantenimiento. Además, el FMEA también se puede utilizar para evaluar los efectos que tendría cada modo de falla en la seguridad de las personas y para identificar las causas que podrían generar cada modo de falla.

Conclusiones:

El análisis de modo y efecto de fallas (FMEA) es una metodología importante en la gestión de la calidad que se utiliza para identificar y prevenir posibles fallas en un proceso, producto o sistema. El FMEA se compone de tres partes principales: el análisis de modo de falla, el análisis de efecto de falla y el análisis de causa de falla. El FMEA se puede aplicar en diferentes ámbitos, como la industria manufacturera, la industria farmacéutica, la industria automotriz y la construcción, para identificar los posibles modos de falla, evaluar los efectos que tendrían en el proceso o sistema y para identificar las causas que podrían generar cada modo de falla. La aplicación del FMEA ayuda a mejorar la calidad y seguridad de los productos y procesos, lo que se traduce en una mayor satisfacción del cliente y una mayor competitividad de las empresas.

CONTROL ESTADÍSTICO DEL PROCESO (SPC)

El Control Estadístico del Proceso (SPC por sus siglas en inglés, Statistical Process Control) es una metodología utilizada en la industria para monitorear, controlar y mejorar los procesos de producción. La implementación del SPC implica la recopilación de datos de los procesos y el uso de herramientas estadísticas para analizarlos y controlarlos. El objetivo principal del SPC es detectar desviaciones en el proceso antes de que estas afecten la calidad del producto final.

El SPC se puede aplicar a cualquier tipo de proceso de producción, ya sea manufacturero o de servicios. En el caso de un proceso de manufactura, el SPC se enfoca en controlar los parámetros críticos del proceso que afectan la calidad del producto. En un proceso de servicios, el SPC se enfoca en controlar los parámetros críticos que afectan la satisfacción del cliente.

El SPC es una técnica de mejora continua que se enfoca en la prevención de problemas en lugar de la corrección de los mismos. Para lograr este objetivo, se utilizan herramientas estadísticas que permiten identificar las causas raíz de los problemas y mejorar el proceso para eliminarlas. Esto permite a las empresas producir productos de alta calidad de manera consistente y eficiente, lo que a su vez les permite competir en el mercado.

El SPC se divide en dos categorías principales: el control de procesos y el control de productos. El control de procesos se enfoca en el monitoreo y control de los parámetros críticos del proceso, mientras que el control de productos se enfoca en el monitoreo y control de la calidad del producto final. Ambos tipos de control son importantes para garantizar la calidad del producto final.

Control de procesos

El control de procesos es una técnica utilizada para monitorear y controlar los parámetros críticos del proceso. El objetivo del control de procesos es mantener el proceso dentro de los límites especificados y reducir la variabilidad del mismo. La variabilidad en un proceso es una de las principales causas de problemas en la calidad del producto final. El control de procesos ayuda a reducir la variabilidad del proceso y garantizar la calidad del producto final.

Para implementar el control de procesos, se debe establecer una línea base para el proceso. La línea base es el conjunto de valores de los parámetros críticos que se consideran aceptables para el proceso. Se utilizan herramientas estadísticas para establecer la línea base y determinar los límites superior e inferior de control. Estos límites se utilizan para monitorear el proceso y detectar cualquier desviación del mismo.

Una vez que se ha establecido la línea base y los límites de control, se recopilan datos del proceso para monitorearlo. Los datos se registran en una carta de control, que es una herramienta gráfica utilizada para monitorear la variabilidad del proceso. La carta de control muestra los datos del proceso en relación a la línea base y los límites de control.

Si los datos del proceso están dentro de los límites de control, se considera que el proceso está bajo control. Si los datos del proceso están fuera de los límites de control, se considera que el proceso está fuera de control y se deben tomar medidas para corregir la situación. Las medidas pueden incluir la identificación de las causas raíz de la desviación y la implementación de medidas correctivas.

El control de procesos se puede implementar utilizando varias herramientas estadísticas, como la carta de control de X-barra y R, la carta de control de media móvil, la carta de control de C, la carta de control de P, entre otras. Cada herramienta estadística es adecuada para diferentes tipos de datos y diferentes situaciones de proceso.

La carta de control de X-barra y R es una de las herramientas estadísticas más comunes utilizadas para el control de procesos. Esta herramienta se utiliza para monitorear la media y la variabilidad del proceso. La carta de control de X-barra muestra la media de los datos del proceso y la carta de control de R muestra la variabilidad de los datos del proceso. Los límites de control se establecen utilizando el tamaño de la muestra y la variabilidad del proceso. La carta de control de X-barra y R es adecuada para datos continuos y se utiliza cuando el tamaño de la muestra es igual o mayor a dos.

La carta de control de media móvil se utiliza cuando los datos del proceso son variables y no continuos. Esta herramienta se utiliza para monitorear la media del proceso y su variabilidad. Los límites de control se establecen utilizando el tamaño de la muestra y la desviación estándar del proceso.

La carta de control de C se utiliza para monitorear la cantidad de defectos en una muestra. Esta herramienta es adecuada para datos discretos y se utiliza cuando el tamaño de la muestra es grande. Los límites de control se establecen utilizando la desviación estándar del proceso.

La carta de control de P se utiliza para monitorear la proporción de defectos en una muestra. Esta herramienta es adecuada para datos discretos y se utiliza cuando el tamaño de la muestra es pequeño. Los límites de control se establecen utilizando la desviación estándar del proceso.

Control de productos

El control de productos se enfoca en el monitoreo y control de la calidad del producto final. El objetivo del control de productos es asegurar que el producto final cumpla con las especificaciones del cliente y las normas de calidad establecidas por la empresa. El control de productos es importante para garantizar la satisfacción del cliente y la reputación de la empresa.

Para implementar el control de productos, se deben establecer las especificaciones del cliente y las normas de calidad de la empresa. Estas especificaciones se utilizan para evaluar la calidad del producto final. Se recopilan datos del producto final para evaluar su calidad en relación a las especificaciones del cliente y las normas de calidad de la empresa.

Se utilizan herramientas estadísticas para analizar los datos del producto final y determinar su calidad. Algunas de las herramientas estadísticas utilizadas en el control de productos son la gráfica de control, el histograma, el diagrama de Pareto, el análisis de causa raíz, entre otras.

La gráfica de control se utiliza para monitorear la calidad del producto final. Se establecen límites de control utilizando las especificaciones del cliente y las normas de calidad de la empresa. Los datos del producto final se registran en la gráfica de control y se comparan con los límites de control. Si los datos están dentro de los límites de control, se considera que el producto final cumple con las especificaciones del cliente y las normas de calidad de la empresa. Si los datos están fuera de los límites de control, se considera que el producto final no cumple con las especificaciones del cliente y las normas de calidad de la empresa.

El histograma se utiliza para analizar la distribución de los datos del producto final. El histograma muestra la frecuencia de los datos en diferentes intervalos. Se utilizan los datos del producto final para construir el histograma y se analiza su distribución. Si los datos tienen una distribución normal, se considera que el producto final tiene una buena calidad. Si los datos tienen una distribución no normal, se requiere un análisis adicional para determinar las posibles causas.

El diagrama de Pareto se utiliza para identificar las principales causas de los problemas en el producto final. Se recopilan datos sobre los problemas del producto final y se analizan para determinar sus causas. Los datos se ordenan de mayor a menor frecuencia y se construye el diagrama de Pareto. Este diagrama muestra las principales causas de los problemas del producto final y ayuda a enfocarse en las causas más importantes.

El análisis de causa raíz se utiliza para identificar las causas subyacentes de los problemas del producto final. Se utilizan diferentes técnicas para identificar las posibles causas de los problemas, como el diagrama de Ishikawa o espina de pescado, el análisis de los 5 porqués, entre otros. El objetivo del análisis de causa raíz es eliminar las causas subyacentes de los problemas para mejorar la calidad del producto final.

Mejora continua

La mejora continua es un enfoque sistemático para mejorar la calidad del proceso y del producto final. El objetivo de la mejora continua es reducir los costos, aumentar la eficiencia y mejorar la satisfacción del cliente. Se utilizan diferentes herramientas y técnicas para implementar la mejora continua, como el ciclo PDCA, el análisis de valor, la gestión de proyectos, entre otras.

El ciclo PDCA es un enfoque sistemático para la mejora continua. Este enfoque consta de cuatro fases: planificar, hacer, verificar y actuar. En la fase de planificación, se identifican las metas y objetivos de mejora, se analiza el proceso y se desarrolla un plan de acción. En la fase de hacer, se implementa el plan de acción y se recopilan datos. En la fase de verificar, se analizan los datos y se evalúa la efectividad del plan de acción. En la fase de actuar, se implementan las acciones necesarias para mejorar el proceso.

El análisis de valor se utiliza para mejorar la calidad y reducir los costos del proceso. Se analizan los diferentes procesos y se identifican las actividades que agregan valor y las que no lo hacen. Se eliminan las actividades que no agregan valor y se mejoran las que sí lo hacen.

La gestión de proyectos se utiliza para implementar la mejora continua. Se utiliza un enfoque estructurado para implementar los cambios necesarios en el proceso. Se identifican los objetivos de mejora, se establecen los plazos y los recursos necesarios, se asignan responsabilidades y se monitorea el progreso.

Conclusiones

El control estadístico del proceso es una herramienta valiosa para mejorar la calidad del proceso y del producto final. Se utilizan diferentes herramientas y técnicas para monitorear y controlar el proceso y para implementar la mejora continua. El control estadístico del proceso ayuda a reducir los costos, aumentar la eficiencia y mejorar la satisfacción del cliente. Se requiere un compromiso de toda la organización para implementar el control estadístico del proceso y lograr mejoras sostenibles en la calidad del producto final.

Para implementar el control estadístico del proceso, es importante que la organización tenga un enfoque basado en datos y que cuente con un equipo capacitado en las diferentes herramientas y técnicas estadísticas. La recolección de datos precisa y confiable es fundamental para la toma de decisiones informadas y la mejora continua del proceso.

Además, es importante que la organización tenga un compromiso con la mejora continua y la satisfacción del cliente. El control estadístico del proceso no solo ayuda a mejorar la calidad del producto final, sino que también mejora la eficiencia y reduce los costos del proceso.

En resumen, el control estadístico del proceso es una herramienta valiosa para mejorar la calidad del proceso y del producto final. Se utilizan diferentes herramientas y técnicas estadísticas para monitorear y controlar el proceso y para implementar la mejora continua. Para implementar el control estadístico del proceso, se requiere un enfoque basado en datos, un equipo capacitado y un compromiso con la mejora continua y la satisfacción del cliente.

ANÁLISIS DE SISTEMAS DE MEDICIÓN (MSA)

El análisis de sistemas de medición (MSA) es una herramienta crítica para evaluar la precisión y confiabilidad de los sistemas de medición utilizados en una variedad de procesos de fabricación y control de calidad. Los sistemas de medición pueden ser cualquier dispositivo o instrumento que se use para medir una característica de un producto, proceso o servicio. Ejemplos comunes de sistemas de medición incluyen calibradores, micrómetros, balanzas, termómetros y medidores de flujo.

La precisión y confiabilidad de los sistemas de medición son críticas en cualquier proceso de fabricación o control de calidad, ya que los datos inexactos o inconsistentes pueden llevar a decisiones incorrectas y a la fabricación de productos de baja calidad. El análisis de sistemas de medición es una herramienta valiosa para evaluar la precisión y confiabilidad de los sistemas de medición, identificar fuentes de error y mejorar la calidad de los datos.

En este capítulo, discutiremos los conceptos básicos del análisis de sistemas de medición, incluyendo los diferentes tipos de variación que pueden afectar la precisión de los sistemas de medición, los diferentes métodos utilizados para evaluar la precisión y confiabilidad de los sistemas de medición, y cómo interpretar los resultados del análisis de sistemas de medición.

Conceptos básicos del análisis de sistemas de medición

Antes de discutir los diferentes métodos utilizados en el análisis de sistemas de medición, es importante comprender los conceptos básicos de los sistemas de medición y los diferentes tipos de variación que pueden afectar la precisión de los sistemas de medición.

Un sistema de medición se compone de tres componentes principales: el objeto a medir, el sistema de medición y el operador. El objeto a medir es la característica que se está midiendo, como la longitud, el peso o la temperatura. El sistema de medición es el instrumento o dispositivo que se utiliza para medir la característica del objeto, como un calibrador o un termómetro. El operador es la persona que realiza la medición.

Existen varios tipos de variación que pueden afectar la precisión de los sistemas de medición. Estos incluyen la variación del objeto a medir, la variación del sistema de medición y la variación del operador.

La variación del objeto a medir se refiere a la variación natural en la característica que se está midiendo, como la variación en la longitud de una pieza de metal debido a las fluctuaciones en la temperatura ambiente. Esta variación puede ser difícil de controlar y puede afectar la precisión de los sistemas de medición.

La variación del sistema de medición se refiere a la variación en la respuesta del sistema de medición a la misma característica del objeto a medir. Esta variación puede deberse a la precisión limitada del sistema de medición, la falta de calibración o el desgaste del sistema de medición.

La variación del operador se refiere a la variación en la forma en que los diferentes operadores realizan la medición. Esta variación puede deberse a diferencias en la técnica de medición o en la percepción del operador de la característica que se está midiendo.

Métodos para evaluar la precisión y confiabilidad de los sistemas de medición

Existen varios métodos utilizados en el análisis de sistemas de medición para evaluar la precisión y confiabilidad de los sistemas de medición. En esta sección, discutiremos algunos de los métodos más comunes utilizados en el análisis de sistemas de medición.

Repetibilidad y reproducibilidad (R&R)

El análisis de repetibilidad y reproducibilidad (R&R) es un método común utilizado en el análisis de sistemas de medición. El objetivo de este análisis es evaluar la variación de los resultados de las mediciones debido a la variación del operador y la variación del sistema de medición.

El análisis R&R se lleva a cabo utilizando una prueba de estudio de variación, en la que varios operadores miden la misma característica del mismo objeto utilizando el mismo sistema de medición. El análisis R&R evalúa tanto la repetibilidad como la reproducibilidad de los resultados de las mediciones.

La repetibilidad se refiere a la variación en los resultados de las mediciones obtenidos por el mismo operador utilizando el mismo sistema de medición. La reproducibilidad se refiere a la variación en los resultados de las mediciones obtenidos por diferentes operadores utilizando el mismo sistema de medición.

El análisis R&R se puede realizar utilizando varios métodos diferentes, como el método de análisis de varianza (ANOVA) y el método de desviación estándar.

Capacidad del sistema de medición (MS)

Otro método común utilizado en el análisis de sistemas de medición es la evaluación de la capacidad del sistema de medición (MS). El objetivo de este análisis es evaluar la capacidad del sistema de medición para medir una característica con precisión.

El análisis de capacidad del sistema de medición se lleva a cabo utilizando una prueba de estudio de capacidad, en la que se mide una característica de un objeto utilizando el sistema de medición. La variación de los resultados de las mediciones se evalúa en relación con la variación del objeto a medir. El análisis de capacidad del sistema de medición se puede realizar utilizando varios métodos diferentes, como el método de varianza de componentes y el método de tolerancia.

Gráficos de control

Los gráficos de control son una herramienta comúnmente utilizada en la fabricación y el control de calidad para monitorear la variación en los procesos de producción. También se pueden utilizar en el análisis de sistemas de medición para monitorear la variación en los resultados de las mediciones.

Los gráficos de control utilizan límites de control para determinar si los resultados de las mediciones se encuentran dentro de los límites esperados. Los límites de control se calculan utilizando la variación de los resultados de las mediciones en relación con la variación esperada. Si los resultados de las mediciones caen fuera de los límites de control, esto puede indicar un problema con el sistema de medición.

Interpretación de los resultados del análisis de sistemas de medición

Una vez que se ha llevado a cabo el análisis de sistemas de medición, es importante interpretar los resultados para determinar si se cumplen los criterios de precisión y confiabilidad.

En el análisis R&R, se espera que la repetibilidad y la reproducibilidad sean bajas en relación con la variación del objeto a medir. Si la repetibilidad y la reproducibilidad son altas en relación con la variación del objeto a medir, esto indica que puede haber problemas con el sistema de medición y que se deben tomar medidas para mejorar la precisión y confiabilidad del sistema de medición.

En el análisis de capacidad del sistema de medición, se espera que la variación del sistema de medición sea baja en relación con la variación del objeto a medir. Si la variación del sistema de medición es alta en relación con la variación del objeto a medir, esto indica que puede haber problemas con el sistema de medición y que se deben tomar medidas para mejorar la precisión y confiabilidad del sistema de medición.

En los gráficos de control, se espera que los resultados de las mediciones caigan dentro de los límites de control esperados. Si los resultados de las mediciones caen fuera de los límites de control, esto indica que puede haber problemas con el sistema de medición y que se deben tomar medidas para mejorar la precisión y confiabilidad del sistema de medición.

En general, un sistema de medición se considera preciso y confiable si cumple con los criterios de precisión y confiabilidad establecidos para la aplicación específica. Si el sistema de medición no cumple con los criterios de precisión y confiabilidad, se deben tomar medidas para mejorar el sistema de medición antes de su uso en aplicaciones críticas.

Conclusiones

El análisis de sistemas de medición es una herramienta importante para garantizar la precisión y confiabilidad de los sistemas de medición utilizados en la fabricación y el control de calidad. Existen varios métodos comunes utilizados en el análisis de sistemas de medición, como el análisis R&R, la evaluación de la capacidad del sistema de medición y los gráficos de control.

Es importante llevar a cabo un análisis de sistemas de medición antes de utilizar un sistema de medición en aplicaciones críticas para garantizar su precisión y confiabilidad. Si el sistema de medición no cumple con los criterios de precisión y confiabilidad, se deben tomar medidas para mejorar el sistema de medición antes de su uso en aplicaciones críticas.

PLANIFICACIÓN AVANZADA DE LA CALIDAD DEL PRODUCTO (APQP)

El proceso de Planificación avanzada de la calidad del producto (APQP, por sus siglas en inglés) es un enfoque estructurado para el desarrollo de productos y procesos de fabricación de alta calidad. Este enfoque es utilizado por muchas empresas líderes en todo el mundo para asegurarse de que los productos que producen sean de alta calidad, seguros y confiables para los clientes. En este capítulo, vamos a explorar en profundidad qué es el APQP, por qué es importante y cómo se puede implementar con éxito en cualquier empresa.

¿Qué es el APQP?

El APQP es un proceso de desarrollo de productos que se enfoca en la calidad, la seguridad y la fiabilidad. Fue desarrollado por la industria automotriz en los años 80 como una forma de asegurarse de que los vehículos producidos cumplieran con los estándares de calidad y seguridad establecidos por la industria. Desde entonces, se ha extendido a otras industrias y se ha convertido en una herramienta de gestión de calidad ampliamente utilizada.

El APQP es un proceso estructurado que consta de cinco fases principales:

Planificación y definición del proyecto: esta fase implica la definición clara del proyecto y la identificación de los requisitos del cliente, incluyendo los requisitos técnicos, de calidad y de seguridad. También se identifican los riesgos potenciales asociados con el proyecto y se establecen los objetivos de calidad y los planes de gestión del proyecto.

Diseño y desarrollo del producto: en esta fase, se desarrolla el diseño del producto y se realizan pruebas y evaluaciones para asegurarse de que el producto cumple con los requisitos del cliente. Se utilizan herramientas como el análisis de modo y efecto de fallas (FMEA) y la evaluación de riesgos para identificar y mitigar cualquier riesgo potencial.

Diseño y desarrollo del proceso: en esta fase, se desarrolla el proceso de fabricación del producto y se realizan pruebas y evaluaciones para asegurarse de que el proceso sea seguro, eficiente y cumpla con los requisitos de calidad del producto. Se utilizan herramientas como la planificación avanzada de la calidad del proceso (PPAP) para asegurarse de que el proceso de fabricación sea capaz de producir productos de alta calidad de manera consistente.

Validación del producto y del proceso: en esta fase, se realizan pruebas y evaluaciones finales para asegurarse de que el producto y el proceso cumplan con los requisitos del cliente y sean seguros, eficientes y confiables. Se realizan pruebas en el producto real y se validan los resultados. También se realizan pruebas de capacidad del proceso para asegurarse de que el proceso de fabricación pueda producir productos de alta calidad de manera consistente.

Lanzamiento del producto: en esta fase, se lanza el producto al mercado y se monitorea su rendimiento. Se recopilan datos y se realizan evaluaciones continuas para asegurarse de que el producto sigue cumpliendo con los requisitos del cliente y de calidad.

¿Por qué es importante el APQP?

El APQP es importante porque ayuda a las empresas a desarrollar productos de alta calidad y seguros que cumplan con los requisitos del cliente. Al seguir el proceso estructurado del APQP, las empresas pueden identificar y mitigar los riesgos potenciales asociados con el desarrollo del producto y asegurarse de que el producto sea seguro, eficiente y confiable. Además, el APQP permite a las empresas realizar pruebas y evaluaciones en cada etapa del desarrollo del producto para garantizar que el producto cumpla con los requisitos de calidad y de seguridad. Esto puede ayudar a evitar costosos errores de diseño y fabricación, lo que a su vez puede ahorrar tiempo y dinero a la empresa.

Otra razón por la cual el APQP es importante es porque ayuda a las empresas a mantenerse competitivas en un mercado cada vez más exigente. Los clientes esperan productos de alta calidad y seguridad, y las empresas que no pueden cumplir con estos requisitos pueden perder clientes y oportunidades de negocio. Al seguir el proceso estructurado del APQP, las empresas pueden asegurarse de que sus productos sean competitivos en el mercado y satisfagan las necesidades y expectativas del cliente.

Cómo implementar el APQP con éxito

Para implementar el APQP con éxito, se necesitan ciertos pasos clave que deben seguirse en cada etapa del proceso. Aquí hay algunos pasos clave que pueden ayudar a las empresas a implementar el APQP con éxito:

Compromiso de la alta dirección: el compromiso de la alta dirección es crucial para el éxito de cualquier proyecto de calidad. La alta dirección debe estar comprometida con el proceso APQP y asegurarse de que se asignen los recursos necesarios para su implementación.

Selección del equipo APQP: se debe seleccionar un equipo de personas con las habilidades y la experiencia adecuadas para implementar el proceso APQP. El equipo debe estar compuesto por representantes de todas las áreas involucradas en el desarrollo del producto, incluyendo ingeniería, calidad, compras, producción y marketing.

Definición clara de los requisitos del cliente: es importante definir claramente los requisitos del cliente, incluyendo los requisitos técnicos, de calidad y de seguridad. Los requisitos deben ser claros, medibles y verificables.

Utilización de herramientas APQP: se deben utilizar herramientas APQP como FMEA, PPAP y otros para asegurarse de que el proceso APQP sea riguroso y completo. Estas herramientas pueden ayudar a identificar y mitigar riesgos potenciales en cada etapa del proceso.

Evaluación continua del proceso APQP: es importante evaluar continuamente el proceso APQP para asegurarse de que esté funcionando de manera efectiva y eficiente. Esto puede incluir la realización de auditorías internas y externas, la recopilación de datos y la realización de evaluaciones de satisfacción del cliente.

Conclusiones

El APQP es un proceso de desarrollo de productos estructurado que se enfoca en la calidad, la seguridad y la fiabilidad. Es utilizado por muchas empresas líderes en todo el mundo para asegurarse de que los productos que producen sean de alta calidad, seguros y confiables para los clientes. El APQP consta de cinco fases principales y se basa en herramientas como FMEA y PPAP para identificar y mitigar riesgos potenciales en cada etapa del proceso. Para implementar el APQP con éxito, se necesitan ciertos pasos clave, incluyendo el compromiso de la alta dirección, la selección de un equipo APQP adecuado, la definición clara de los requisitos del cliente, la utilización de herramientas APQP y la evaluación continua del proceso APQP.

OTRAS HERRAMIENTAS DE SOLUCIÓN DE PROBLEMAS

La resolución de problemas es una parte fundamental en cualquier proceso de mejora continua. Para lograr una mejora sostenible, es necesario tener herramientas efectivas que permitan identificar las causas raíz de los problemas y tomar acciones para eliminarlas o reducirlas. En este capítulo, se presentarán las principales herramientas utilizadas en la resolución de problemas de calidad, como el Diagrama de Ishikawa, los 5 porqués y la técnica de los 8D.

Diagrama de Ishikawa

El Diagrama de Ishikawa, también conocido como diagrama de espina de pescado o diagrama de causa y efecto, es una herramienta utilizada para identificar las posibles causas de un problema. El objetivo del diagrama es organizar las diferentes causas en categorías para poder identificar la causa raíz del problema.

El diagrama de Ishikawa consiste en una línea central horizontal que representa el problema que se quiere analizar. A partir de esta línea, se dibujan varias líneas diagonales hacia la izquierda que representan las diferentes categorías de causas. Las categorías de causas pueden variar dependiendo del problema que se esté analizando, pero algunas de las categorías más comunes son:

Personas

Procesos

Máquinas

Materiales

Medio ambiente

Métodos

En cada una de las líneas diagonales, se escriben las posibles causas que podrían estar contribuyendo al problema. Es importante que las posibles causas se escriban de manera clara y concisa, para que sea fácil identificar la relación entre las causas y el problema.

Una vez que se han identificado las posibles causas, se debe analizar cada una de ellas para determinar su relevancia y su relación con el problema. De esta manera, se pueden eliminar las causas que no tienen una relación directa con el problema y enfocarse en las causas más relevantes.

Una vez que se ha identificado la causa raíz del problema, se pueden tomar acciones para eliminarla o reducirla. Es importante recordar que el Diagrama de Ishikawa es una herramienta que ayuda a identificar las causas del problema, pero no resuelve el problema por sí sola.

5 porqués

Los 5 porqués es una herramienta que se utiliza para identificar la causa raíz de un problema. Esta herramienta consiste en hacerse la pregunta "¿por qué?" cinco veces seguidas para identificar la causa raíz del problema.

El objetivo de los 5 porqués es identificar las causas fundamentales del problema, no solo las causas superficiales. Al hacerse la pregunta "¿por qué?" varias veces, se pueden identificar las causas subyacentes que contribuyen al problema.

Por ejemplo, supongamos que el problema es que un producto está llegando tarde a los clientes. La conversación podría ser algo como:

¿Por qué está llegando tarde el producto? Porque el proceso de fabricación está tardando más de lo previsto.

¿Por qué está tardando más el proceso de fabricación? Porque hay un problema con una de las máquinas que está retrasando la producción.

¿Por qué hay un problema con la máquina? Porque no se ha realizado el mantenimiento preventivo que se debería hacer regularmente.

¿Por qué no se ha realizado el mantenimiento preventivo? Porque el equipo de mantenimiento no está suficientemente capacitado para identificar y solucionar los problemas antes de que se conviertan en problemas mayores.

¿Por qué el equipo de mantenimiento no está suficientemente capacitado? Porque la empresa no ha invertido en la capacitación y el desarrollo del equipo de mantenimiento.

En este ejemplo, la causa raíz del problema es la falta de inversión en la capacitación y el desarrollo del equipo de mantenimiento. Al identificar la causa raíz, se pueden tomar acciones para solucionar el problema y evitar que se repita en el futuro.

Es importante tener en cuenta que los 5 porqués no siempre se resuelven en cinco preguntas. El número de preguntas que se deben hacer depende del problema que se esté analizando y de la complejidad de las causas subyacentes.

Técnica de los 8D

La técnica de los 8D, también conocida como las 8 disciplinas de resolución de problemas, es una herramienta estructurada que se utiliza para resolver problemas de calidad de manera efectiva y sostenible. La técnica de los 8D se divide en ocho etapas que se deben seguir de manera secuencial:

Formar un equipo: El primer paso en la técnica de los 8D es formar un equipo multidisciplinario que esté compuesto por personas que tengan diferentes perspectivas y habilidades. El equipo debe tener un líder que sea responsable de coordinar el proceso de resolución de problemas.

Describir el problema: El equipo debe describir el problema de manera clara y concisa, utilizando datos y hechos objetivos. Es importante definir el problema de manera específica para evitar confusiones y malentendidos.

Contener el problema: El equipo debe tomar acciones para contener el problema y evitar que se propague. Esto puede incluir detener la producción o implementar medidas temporales para reducir el impacto del problema.

Identificar la causa raíz: El equipo debe utilizar herramientas como el Diagrama de Ishikawa y los 5 porqués para identificar la causa raíz del problema. Es importante asegurarse de que se están abordando las causas subyacentes y no solo los síntomas del problema.

Desarrollar soluciones: El equipo debe desarrollar varias posibles soluciones para abordar la causa raíz del problema. Es importante considerar diferentes perspectivas y enfoques para encontrar la solución más efectiva.

Seleccionar la mejor solución: El equipo debe evaluar cada una de las posibles soluciones y seleccionar la que sea más efectiva y sostenible. Es importante considerar factores como el costo, la viabilidad y el impacto a largo plazo.

Implementar la solución: El equipo debe implementar la solución seleccionada y asegurarse de que se está resolviendo la causa raíz del problema. Es importante monitorear el proceso de implementación para asegurarse de que se está logrando el resultado deseado.

Prevenir la recurrencia del problema: El equipo debe tomar acciones para evitar que el problema se repita en el futuro. Esto puede incluir la implementación de medidas preventivas y la revisión de los procesos y procedimientos para identificar posibles mejoras.

Conclusiones

La resolución de problemas de calidad es una parte fundamental en cualquier proceso de mejora continua. Las herramientas presentadas en este capítulo, como el Diagrama de Ishikawa, los 5 porqués y la técnica de los 8D, son herramientas poderosas que pueden ayudar a las empresas a identificar y solucionar problemas de manera efectiva y sostenible.

El Diagrama de Ishikawa es una herramienta útil para identificar las posibles causas de un problema y visualizar cómo están relacionadas entre sí. Al utilizar esta herramienta, los equipos pueden enfocar sus esfuerzos en las causas más importantes y evitar soluciones temporales que no resuelvan el problema subyacente.

Los 5 porqués son una herramienta efectiva para identificar la causa raíz de un problema. Al hacer preguntas repetitivas, los equipos pueden descubrir las causas subyacentes del problema y tomar medidas para prevenir que se repita en el futuro.

La técnica de los 8D es una herramienta estructurada que se utiliza para resolver problemas de calidad de manera efectiva y sostenible. Al seguir un proceso secuencial, los equipos pueden asegurarse de que están abordando el problema de manera sistemática y considerando todas las posibles soluciones.

Es importante recordar que la resolución de problemas de calidad no es un proceso lineal. Los problemas pueden ser complejos y requerir soluciones creativas. Las herramientas presentadas en este capítulo son solo algunas de las muchas herramientas que se pueden utilizar para resolver problemas de calidad. Es importante que los equipos utilicen herramientas y técnicas que sean adecuadas para el problema que están tratando de resolver.

La resolución de problemas de calidad es una parte fundamental en cualquier proceso de mejora continua. Al utilizar herramientas como el Diagrama de Ishikawa, los 5 porqués y la técnica de los 8D, los equipos pueden identificar y solucionar problemas de manera efectiva y sostenible, lo que puede ayudar a mejorar la calidad del producto, aumentar la satisfacción del cliente y reducir los costos de producción.

MEJORA CONTINUA: KAIZEN Y EL LEAN MANUFACTURING

La mejora continua es una filosofía de gestión empresarial que se centra en la búsqueda constante de la excelencia. Esta filosofía se basa en la idea de que siempre hay espacio para mejorar y que la mejora continua es la clave para alcanzar la excelencia empresarial.

La mejora continua se puede aplicar a todos los aspectos de la empresa, desde la gestión de los procesos de producción hasta la atención al cliente. Al centrarse en la mejora continua, las empresas pueden optimizar sus operaciones, reducir costos y mejorar la calidad del producto o servicio que ofrecen.

Hay varias metodologías de mejora continua, entre las que se incluyen Kaizen, Lean Manufacturing y Six Sigma. En este capítulo, nos centraremos en Kaizen y Lean Manufacturing, que son dos de las metodologías más populares para la mejora continua.

Kaizen

Kaizen es una palabra japonesa que significa mejora continua. La metodología Kaizen se centra en la mejora continua de los procesos de producción y en la eliminación de los desperdicios. Kaizen se basa en la idea de que incluso los cambios más pequeños pueden tener un gran impacto en la eficiencia y la calidad.

La metodología Kaizen se divide en tres fases: Planificación, Implementación y Evaluación.

Planificación: En la fase de planificación, se identifican los procesos que se van a mejorar y se establecen los objetivos de mejora. Se pueden utilizar herramientas como el Diagrama de Ishikawa y el Diagrama de Flujo para analizar los procesos existentes y determinar qué áreas necesitan mejoras.

Implementación: En la fase de implementación, se llevan a cabo los cambios necesarios para mejorar los procesos. Estos cambios pueden incluir la eliminación de desperdicios, la reorganización de las áreas de trabajo y la mejora de los procesos de producción. La implementación de los cambios se lleva a cabo en pequeñas etapas y se evalúa continuamente para asegurarse de que se están logrando los objetivos de mejora.

Evaluación: En la fase de evaluación, se analizan los resultados de los cambios realizados y se comparan con los objetivos de mejora establecidos. Si los resultados no cumplen con los objetivos, se vuelven a analizar los procesos y se realizan más cambios para mejorarlos.

Kaizen se basa en siete principios:

Eliminación de desperdicios: Se eliminan todas las actividades que no agregan valor al proceso de producción.

Mejora continua: Se realizan mejoras constantes en los procesos existentes.

Trabajo en equipo: Se fomenta la colaboración y el trabajo en equipo para lograr los objetivos de mejora.

Participación de todos los empleados: Todos los empleados deben estar involucrados en la mejora continua.

Enfoque en el cliente: Se centra en las necesidades y expectativas del cliente.

Estándares claros: Se establecen estándares claros para los procesos de producción.

Sistema de sugerencias: Se fomenta la participación de los empleados a través de un sistema de sugerencias.

Lean Manufacturing

Lean Manufacturing es otra metodología de mejora continua que se centra en la eliminación de los desperdicios y la optimización de los procesos de producción. La metodología Lean Manufacturing se originó en Toyota en la década de 1950 y se ha convertido en una de las metodologías de gestión de producción más populares en todo el mundo.

La metodología Lean Manufacturing se basa en cinco principios:

Identificación del valor: Se identifica el valor que el producto o servicio ofrece al cliente.

Mapa del flujo de valor: Se analiza el flujo de valor de principio a fin y se identifican las actividades que no agregan valor al proceso.

Creación de flujo: Se optimiza el flujo de producción para eliminar los desperdicios y reducir los tiempos de espera.

Producción Justo a Tiempo (JIT): Se producen los productos justo a tiempo para su uso o venta, reduciendo los costos y aumentando la eficiencia.

Perfeccionamiento continuo: Se busca la mejora constante de los procesos para maximizar la eficiencia y la calidad.

La metodología Lean Manufacturing también se divide en tres fases: Planificación, Implementación y Evaluación.

Planificación: En la fase de planificación, se identifican los procesos que se van a mejorar y se establecen los objetivos de mejora. Se puede utilizar una herramienta llamada mapa del flujo de valor para analizar los procesos existentes y determinar qué áreas necesitan mejoras.

Implementación: En la fase de implementación, se llevan a cabo los cambios necesarios para optimizar los procesos. Estos cambios pueden incluir la eliminación de desperdicios, la reorganización de las áreas de trabajo y la mejora de los procesos de producción. La implementación de los cambios se lleva a cabo en pequeñas etapas y se evalúa continuamente para asegurarse de que se están logrando los objetivos de mejora.

Evaluación: En la fase de evaluación, se analizan los resultados de los cambios realizados y se comparan con los objetivos de mejora establecidos. Si los resultados no cumplen con los objetivos, se vuelven a analizar los procesos y se realizan más cambios para mejorarlos.

La metodología Lean Manufacturing también utiliza varias herramientas y técnicas para optimizar los procesos de producción, incluyendo:

5S: Una técnica para mejorar la organización y limpieza del lugar de trabajo.

Kanban: Un sistema de control de inventario que se utiliza para controlar la producción justo a tiempo.

Poka-yoke: Una técnica para prevenir errores y garantizar la calidad.

Kaizen: La mejora continua es una parte fundamental de la metodología Lean Manufacturing.

Comparación entre Kaizen y Lean Manufacturing

Si bien Kaizen y Lean Manufacturing comparten algunos principios y herramientas similares, existen algunas diferencias importantes entre las dos metodologías.

En general, Kaizen se centra más en la mejora continua de los procesos de producción, mientras que Lean Manufacturing se centra en la eliminación de los desperdicios y la optimización del flujo de producción. Kaizen también se enfoca más en la participación de todos los empleados en el proceso de mejora, mientras que Lean Manufacturing se centra más en la optimización del flujo de producción y la mejora de la eficiencia.

Otra diferencia importante es que Kaizen se centra en realizar pequeños cambios continuos, mientras que Lean Manufacturing se centra en realizar grandes cambios en la organización del proceso de producción. En Kaizen, se espera que cada empleado realice pequeñas mejoras en su trabajo diario, mientras que en Lean Manufacturing, se realizan grandes cambios en el proceso de producción para eliminar los desperdicios y mejorar la eficiencia.

Otra diferencia importante entre las dos metodologías es su enfoque en la calidad. Kaizen se centra en la mejora continua de la calidad, mientras que Lean Manufacturing se centra en la eliminación de los desperdicios y la optimización del flujo de producción. Sin embargo, ambas metodologías tienen como objetivo mejorar la calidad del producto o servicio.

En resumen, Kaizen y Lean Manufacturing son dos metodologías diferentes pero complementarias que se utilizan para mejorar los procesos de producción. Kaizen se enfoca en la mejora continua de los procesos y la calidad, mientras que Lean Manufacturing se enfoca en la eliminación de los desperdicios y la optimización del flujo de producción. Ambas metodologías se basan en la participación de todos los empleados en el proceso de mejora y utilizan herramientas y técnicas similares para lograr sus objetivos.

Implementación de Kaizen y Lean Manufacturing

La implementación de Kaizen y Lean Manufacturing puede ser un desafío, pero siguiendo algunos pasos clave se puede lograr una implementación exitosa.

Definir objetivos: Lo primero que se debe hacer es definir los objetivos de mejora y establecer un plan de acción claro para lograrlos.

Comunicar los objetivos y la metodología: Es importante comunicar los objetivos y la metodología a todos los empleados para que estén alineados con los cambios que se van a realizar.

Capacitación: Se deben capacitar a todos los empleados en la metodología y herramientas de Kaizen y Lean Manufacturing para que puedan contribuir de manera efectiva a la mejora continua.

Identificación de procesos y desperdicios: Se debe analizar el proceso de producción y determinar dónde se pueden eliminar los desperdicios y mejorar la eficiencia.

Implementación de cambios: Los cambios se deben implementar en pequeñas etapas y evaluar continuamente para asegurarse de que se están logrando los objetivos de mejora.

Mantenimiento de la mejora: Una vez que se han logrado mejoras, es importante mantenerlas y seguir mejorando continuamente.

Evaluación: Se deben evaluar los resultados de los cambios realizados y compararlos con los objetivos de mejora establecidos.

La implementación de Kaizen y Lean Manufacturing requiere un compromiso y una participación activa de todos los empleados, desde los trabajadores de línea hasta la alta gerencia. También es importante contar con el apoyo de los proveedores y los clientes para lograr una mejora continua en todo el proceso de producción.

Beneficios de la implementación de Kaizen y Lean Manufacturing

La implementación de Kaizen y Lean Manufacturing puede ofrecer muchos beneficios para una empresa, incluyendo:

Reducción de los costos: Al eliminar los desperdicios y optimizar el flujo de producción, se pueden reducir los costos de producción.

Mejora de la calidad: La mejora continua de la calidad es un objetivo clave de Kaizen y Lean Manufacturing, lo que resulta en productos o servicios de mayor calidad.

Aumento de la eficiencia: Al optimizar el flujo de producción y eliminar los desperdicios, se puede aumentar la eficiencia del proceso, lo que resulta en una mayor producción con menos recursos.

Reducción del tiempo de ciclo: Al eliminar los desperdicios y optimizar el flujo de producción, se puede reducir el tiempo de ciclo, lo que significa que los productos o servicios se pueden entregar más rápidamente a los clientes.

Mejora del ambiente laboral: La participación de todos los empleados en el proceso de mejora y la implementación de cambios pueden mejorar el ambiente laboral y aumentar la satisfacción de los empleados.

Mejora de la satisfacción del cliente: Al mejorar la calidad del producto o servicio, reducir el tiempo de ciclo y entregar productos o servicios de manera más eficiente, se puede mejorar la satisfacción del cliente.

Mayor competitividad: La implementación de Kaizen y Lean Manufacturing puede mejorar la competitividad de una empresa al reducir los costos, mejorar la calidad, aumentar la eficiencia y mejorar la satisfacción del cliente.

En resumen, la implementación de Kaizen y Lean Manufacturing puede ofrecer muchos beneficios para una empresa, incluyendo la reducción de costos, la mejora de la calidad, el aumento de la eficiencia, la reducción del tiempo de ciclo, la mejora del ambiente laboral, la mejora de la satisfacción del cliente y la mayor competitividad.

Ejemplos de la implementación de Kaizen y Lean Manufacturing

Hay muchos ejemplos exitosos de la implementación de Kaizen y Lean Manufacturing en empresas de todo el mundo. Aquí presentamos algunos ejemplos notables:

Toyota: Toyota es uno de los ejemplos más conocidos de la implementación de Kaizen y Lean Manufacturing. La empresa ha utilizado estas metodologías para mejorar la eficiencia y la calidad de sus productos y ha sido reconocida por su excelencia en la producción.

Motorola: Motorola utilizó Kaizen para mejorar la calidad de sus productos y reducir los costos de producción. La empresa implementó un programa de mejora continua en todas sus plantas y logró reducir los defectos en un 80% y los costos de producción en un 40%.

General Electric: General Electric implementó Lean Manufacturing en su planta de motores de aviones y logró reducir el tiempo de ciclo en un 25% y los costos en un 20%.

Ford: Ford utilizó Lean Manufacturing para mejorar la eficiencia de su planta de motores y logró reducir los costos en un 20% y aumentar la producción en un 35%.

Amazon: Amazon utiliza Lean Manufacturing en sus centros de distribución para optimizar el flujo de producción y reducir los tiempos de entrega. La empresa ha logrado reducir el tiempo de procesamiento de pedidos en un 50% y aumentar la eficiencia del proceso de almacenamiento y envío.

Estos son solo algunos ejemplos de empresas que han logrado implementar con éxito Kaizen y Lean Manufacturing para mejorar la eficiencia, la calidad y reducir los costos. Sin embargo, estas metodologías pueden ser implementadas en cualquier tipo de empresa y pueden ofrecer beneficios significativos si se implementan adecuadamente.

Conclusiones

La implementación de Kaizen y Lean Manufacturing puede ofrecer muchos beneficios para una empresa, incluyendo la reducción de costos, la mejora de la calidad, el aumento de la eficiencia, la reducción del tiempo de ciclo, la mejora del ambiente laboral, la mejora de la satisfacción del cliente y la mayor competitividad. Estas metodologías se enfocan en la mejora continua y en la eliminación de desperdicios para lograr una producción más eficiente y de mayor calidad.

La implementación de Kaizen y Lean Manufacturing requiere un compromiso y una participación activa de todos los empleados en el proceso de mejora continua. Se requiere un enfoque sistemático y una mentalidad de mejora continua para lograr los beneficios deseados.

Es importante tener en cuenta que la implementación de Kaizen y Lean Manufacturing no es un proceso fácil ni rápido. Requiere tiempo, esfuerzo y recursos para lograr los cambios deseados. Además, el proceso de mejora continua nunca termina y siempre hay margen para la mejora.

Sin embargo, si se implementan adecuadamente, estas metodologías pueden transformar la forma en que una empresa opera y puede llevar a mejoras significativas en la eficiencia, la calidad y la competitividad.

La implementación de Kaizen y Lean Manufacturing puede ser una estrategia efectiva para mejorar la eficiencia, la calidad y la competitividad de una empresa. La eliminación de desperdicios y la mejora continua son los pilares de estas metodologías y requieren un compromiso y una participación activa de todos los empleados. Si se implementan adecuadamente, pueden ofrecer beneficios significativos para una empresa a largo plazo.

ANÁLISIS DE MODO DE FALLA, EFECTO Y CRITICIDAD (FMECA)

El análisis de modo de falla, efecto y criticidad (FMECA) es una herramienta de gestión de riesgos utilizada para identificar y evaluar posibles fallas en sistemas y procesos. Fue desarrollado originalmente por la NASA para la industria aeroespacial, pero ha sido ampliamente adoptado en muchos otros sectores, incluyendo la fabricación, la energía, la salud y la tecnología de la información.

El proceso de FMECA implica la identificación y evaluación de los modos de falla potenciales de un sistema o proceso, la estimación de la severidad de los efectos asociados a cada modo de falla, la identificación de las causas subyacentes de cada modo de falla y la determinación de las medidas preventivas o de mitigación necesarias para minimizar el riesgo asociado a cada modo de falla.

En este capítulo, se explicará en detalle el proceso de FMECA, desde la preparación previa hasta la implementación y el seguimiento de las medidas de mitigación.

Preparación previa

Antes de comenzar el proceso de FMECA, es necesario reunir información sobre el sistema o proceso a analizar. Esto incluye la identificación de los componentes del sistema o proceso, sus funciones, los requisitos de desempeño y las normativas y estándares aplicables. Además, es importante reunir información sobre las experiencias pasadas de fallas y los datos de rendimiento del sistema o proceso.

El equipo de análisis de FMECA debe estar compuesto por miembros con conocimientos técnicos y experiencia en el sistema o proceso a analizar. Es importante que los miembros del equipo sean capaces de trabajar juntos de manera colaborativa y tengan habilidades analíticas sólidas.

Es importante establecer un plan de trabajo claro y un cronograma para el proceso de FMECA, así como asignar roles y responsabilidades claras a cada miembro del equipo. También es importante definir los criterios de evaluación de la severidad de los efectos y la probabilidad de ocurrencia de los modos de falla.

Identificación de los modos de falla potenciales

El primer paso en el proceso de FMECA es identificar los modos de falla potenciales del sistema o proceso. Esto se logra mediante la realización de una evaluación sistemática de cada componente del sistema o proceso. El objetivo es identificar todos los modos de falla potenciales que puedan causar un efecto negativo en el desempeño del sistema o proceso.

Los modos de falla pueden ser divididos en dos categorías: modos de falla funcionales y modos de falla no funcionales. Los modos de falla funcionales se refieren a situaciones en las que el sistema o proceso no puede realizar su función prevista. Los modos de falla no funcionales se refieren a situaciones en las que el sistema o proceso sigue funcionando, pero con un rendimiento reducido.

Una vez que se han identificado los modos de falla potenciales, es importante asignar un código o identificador único a cada modo de falla. Esto facilitará la documentación y el seguimiento de los resultados del análisis de FMECA.

Estimación de la severidad de los efectos asociados a cada modo de falla

El siguiente paso en el proceso de FMECA es evaluar la severidad de los efectos asociados a cada modo de falla identificado. La severidad se refiere al grado de impacto que tendría el modo de falla en el sistema o proceso, en términos de seguridad, fiabilidad, calidad o costo.

Para evaluar la severidad de los efectos, se deben definir criterios claros y objetivos para cada uno de los aspectos relevantes del sistema o proceso. Por ejemplo, en un sistema de control de tráfico aéreo, la seguridad puede ser evaluada en términos de la probabilidad de colisiones, mientras que la calidad puede ser evaluada en términos de la capacidad de garantizar el flujo de tráfico sin demoras excesivas.

Una vez que se han definido los criterios de evaluación, se deben asignar valores a cada uno de ellos, para cada modo de falla potencial. Estos valores pueden ser numéricos, como escalas del 1 al 10, o pueden ser categóricos, como alto, medio o bajo. La evaluación de la severidad debe ser realizada por un grupo de expertos en el sistema o proceso.

Identificación de las causas subyacentes de cada modo de falla

Una vez que se ha evaluado la severidad de los efectos asociados a cada modo de falla, el siguiente paso en el proceso de FMECA es identificar las causas subyacentes de cada modo de falla. Las causas subyacentes pueden incluir fallas de diseño, errores de fabricación, errores de operación o factores ambientales.

Para identificar las causas subyacentes, se debe realizar un análisis detallado de cada modo de falla potencial, teniendo en cuenta las condiciones en las que se produciría el modo de falla. Se pueden utilizar diversas técnicas, como diagramas de flujo, diagramas de Ishikawa o diagramas de causa-efecto, para ayudar a identificar las causas subyacentes.

Determinación de las medidas preventivas o de mitigación necesarias

Una vez que se han identificado las causas subyacentes de cada modo de falla potencial, el siguiente paso en el proceso de FMECA es determinar las medidas preventivas o de mitigación necesarias para minimizar el riesgo asociado a cada modo de falla. Las medidas preventivas pueden incluir mejoras en el diseño, mejoras en la fabricación o mejoras en los procedimientos de operación.

Las medidas de mitigación pueden incluir la implementación de sistemas de detección y diagnóstico de fallas, el establecimiento de planes de mantenimiento preventivo o la implementación de sistemas de redundancia.

Para determinar las medidas preventivas o de mitigación necesarias, se deben evaluar las probabilidades de ocurrencia de cada modo de falla potencial, así como la severidad de los efectos asociados a cada modo de falla. Las medidas preventivas o de mitigación deben ser diseñadas para reducir tanto la probabilidad de ocurrencia como la severidad de los efectos asociados a cada modo de falla.

Implementación de las medidas preventivas o de mitigación

Una vez que se han determinado las medidas preventivas o de mitigación necesarias, el siguiente paso en el proceso de FMECA es implementarlas. La implementación de las medidas preventivas o de mitigación debe ser cuidadosamente planificada y documentada.

Es importante establecer un plan de acción claro y un cronograma para la implementación de las medidas preventivas o de mitigación. También es importante asignar roles y responsabilidades claras a los miembros del equipo encargados de implementar las medidas.

Durante la implementación de las medidas preventivas o de mitigación, es importante realizar pruebas y validaciones para asegurar que las medidas son efectivas y que no introducen nuevos riesgos en el sistema o proceso.

Monitoreo continuo del sistema o proceso

Una vez que se han implementado las medidas preventivas o de mitigación, es importante realizar un monitoreo continuo del sistema o proceso para asegurar que las medidas están funcionando como se esperaba y que no se han introducido nuevos riesgos en el sistema o proceso.

El monitoreo continuo puede incluir la recolección de datos y el análisis de los mismos para identificar cualquier problema o anomalía en el sistema o proceso. También puede incluir la implementación de sistemas de alerta temprana para detectar cualquier problema antes de que se convierta en una falla crítica.

El monitoreo continuo del sistema o proceso es una parte crítica del proceso de FMECA, ya que permite identificar cualquier problema o falla potencial antes de que se convierta en un problema crítico.

Ventajas y desventajas del FMECA

El FMECA es una herramienta muy útil para identificar y mitigar los riesgos asociados a los sistemas y procesos. Algunas de las ventajas del FMECA incluyen:

Identificación temprana de riesgos potenciales: El FMECA permite identificar los riesgos potenciales en un sistema o proceso antes de que se conviertan en fallas críticas.

Mejora de la seguridad y fiabilidad: La implementación de medidas preventivas o de mitigación puede mejorar significativamente la seguridad y fiabilidad de un sistema o proceso.

Reducción de costos: La identificación y mitigación temprana de los riesgos puede reducir los costos asociados a reparaciones y reemplazos de equipos.

Mejora de la eficiencia: La identificación y mitigación de los riesgos pueden mejorar la eficiencia de un sistema o proceso al reducir los tiempos de inactividad y mejorar la calidad del producto o servicio.

Sin embargo, el FMECA también tiene algunas limitaciones y desventajas, entre las que se incluyen:

Complejidad: El proceso de FMECA puede ser muy complejo y requiere de expertos en el sistema o proceso para llevarlo a cabo correctamente.

Costo: El proceso de FMECA puede ser costoso, especialmente si se requiere de la contratación de expertos externos.

Falta de datos: La falta de datos puede dificultar la evaluación de algunos riesgos potenciales.

Dificultad para predecir todos los posibles escenarios: El FMECA se basa en la evaluación de escenarios potenciales, lo que significa que es posible que algunos riesgos no sean identificados.

Conclusiones

El análisis de modo de falla, efecto y criticidad (FMECA) es una herramienta muy útil para identificar y mitigar los riesgos asociados a los sistemas y procesos. El proceso de FMECA incluye la identificación de los modos de falla potenciales, la evaluación de la severidad de los efectos asociados a cada modo de falla, la identificación de las causas subyacentes de cada modo de falla, la determinación de las medidas preventivas o de mitigación necesarias y la implementación, y monitoreo continuo del sistema o proceso.

El FMECA puede ayudar a mejorar la seguridad y fiabilidad de un sistema o proceso, reducir los costos asociados a reparaciones y reemplazos de equipos, mejorar la eficiencia y calidad del producto o servicio, entre otras ventajas.

Sin embargo, el proceso de FMECA puede ser complejo y costoso, especialmente si se requiere de expertos externos. Además, la falta de datos y la dificultad para predecir todos los posibles escenarios pueden limitar su efectividad.

Es importante recordar que el FMECA no es una herramienta única para garantizar la seguridad y fiabilidad de un sistema o proceso, sino que debe ser utilizado como parte de un enfoque holístico que incluya la identificación y gestión de los riesgos a lo largo de todo el ciclo de vida del sistema o proceso.

En resumen, el análisis de modo de falla, efecto y criticidad (FMECA) es una herramienta muy útil para identificar y mitigar los riesgos asociados a los sistemas y procesos. Aunque tiene algunas limitaciones y desventajas, su uso puede mejorar significativamente la seguridad, fiabilidad y eficiencia de los sistemas y procesos, lo que puede traducirse en beneficios tanto para las empresas como para los usuarios y consumidores finales.

ANÁLISIS DE CAPACIDAD DEL PROCESO

El análisis de capacidad del proceso es una parte importante de la gestión de calidad en la fabricación de productos. La capacidad del proceso se refiere a la habilidad de un proceso de fabricación para producir productos dentro de los límites de especificación. En otras palabras, se trata de la capacidad del proceso para producir productos que cumplan con los requisitos del cliente.

El análisis de capacidad del proceso es una herramienta crítica para asegurar que los procesos de fabricación estén funcionando correctamente y produciendo productos de calidad. Este capítulo describirá las principales herramientas utilizadas para evaluar la capacidad del proceso, incluyendo el índice de capacidad del proceso, el análisis de histogramas, el análisis de control estadístico de procesos y el análisis de capacidad del proceso a largo plazo.

Índice de capacidad del proceso

El índice de capacidad del proceso es una medida de la capacidad del proceso para producir productos dentro de los límites de especificación. El índice de capacidad del proceso se calcula utilizando la siguiente fórmula:

índice de capacidad del proceso = (Límite superior de especificación - Límite inferior de especificación) / (6 x Desviación estándar del proceso)

Si el índice de capacidad del proceso es mayor que 1, significa que el proceso es capaz de producir productos dentro de los límites de especificación. Si el índice de capacidad del proceso es menor que 1, significa que el proceso no es capaz de producir productos dentro de los límites de especificación.

El índice de capacidad del proceso se utiliza para evaluar la capacidad del proceso en términos de la distribución de los datos del proceso. Si la distribución de los datos del proceso es normal, se puede utilizar la desviación estándar como una medida de la variabilidad del proceso. Si la distribución de los datos del proceso no es normal, se puede utilizar la desviación media absoluta como una medida de la variabilidad del proceso.

Análisis de histogramas

El análisis de histogramas es una herramienta utilizada para visualizar la distribución de los datos del proceso. Un histograma es un gráfico de barras que muestra la frecuencia de los valores del proceso. El eje horizontal del histograma representa el rango de valores del proceso, mientras que el eje vertical representa la frecuencia de esos valores.

El análisis de histogramas se utiliza para identificar cualquier problema con la distribución de los datos del proceso. Si la distribución de los datos del proceso es normal, el histograma tendrá una forma de campana. Si la distribución de los datos del proceso no es normal, el histograma tendrá una forma diferente.

El análisis de histogramas también se utiliza para identificar valores atípicos o valores extremos en los datos del proceso. Los valores atípicos pueden ser un indicador de problemas en el proceso de fabricación y deben ser investigados.

Análisis de control estadístico de procesos

El análisis de control estadístico de procesos (SPC) es una herramienta utilizada para controlar la variabilidad del proceso y mantenerlo dentro de los límites de especificación. El SPC utiliza gráficos de control para mostrar cómo se comporta el proceso a lo largo del tiempo. El gráfico de control muestra la media del proceso y los límites de control superiores e inferiores.

El SPC se utiliza para identificar cualquier variabilidad no controlada en el proceso. Si se detecta variabilidad no controlada en el proceso, se deben tomar medidas para identificar y corregir las causas de la variabilidad.

El SPC también se utiliza para identificar tendencias en el proceso. Si hay una tendencia en el proceso, puede indicar que hay un problema con el proceso que necesita ser corregido. Al utilizar el SPC para controlar el proceso, se puede asegurar que los productos se produzcan dentro de los límites de especificación y se reduzcan los residuos y la variabilidad.

Análisis de capacidad del proceso a largo plazo

El análisis de capacidad del proceso a largo plazo es una herramienta utilizada para evaluar la capacidad del proceso a largo plazo. El análisis de capacidad del proceso a largo plazo implica la recopilación de datos a lo largo del tiempo y el análisis de los datos para determinar si el proceso está produciendo productos dentro de los límites de especificación a largo plazo.

El análisis de capacidad del proceso a largo plazo se utiliza para identificar problemas con el proceso que pueden no ser evidentes en el análisis de la capacidad del proceso a corto plazo. El análisis de capacidad del proceso a largo plazo también se utiliza para identificar tendencias en el proceso y para identificar oportunidades de mejora.

Conclusiones

En resumen, el análisis de capacidad del proceso es una herramienta crítica para asegurar que los procesos de fabricación estén funcionando correctamente y produciendo productos de calidad. El índice de capacidad del proceso, el análisis de histogramas, el análisis de control estadístico de procesos y el análisis de capacidad del proceso a largo plazo son herramientas importantes utilizadas en el análisis de capacidad del proceso.

El índice de capacidad del proceso se utiliza para evaluar la capacidad del proceso en términos de la distribución de los datos del proceso. El análisis de histogramas se utiliza para visualizar la distribución de los datos del proceso y para identificar cualquier problema con la distribución de los datos. El análisis de control estadístico de procesos se utiliza para controlar la variabilidad del proceso y mantenerlo dentro de los límites de especificación. El análisis de capacidad del proceso a largo plazo se utiliza para evaluar la capacidad del proceso a largo plazo y para identificar tendencias en el proceso.

Al utilizar estas herramientas en el análisis de capacidad del proceso, se puede asegurar que los procesos de fabricación estén produciendo productos de calidad que cumplan con los requisitos del cliente y se reduzcan los residuos y la variabilidad en el proceso de fabricación. Además, el análisis de capacidad del proceso también puede identificar oportunidades de mejora en el proceso, lo que puede mejorar aún más la calidad del producto y la eficiencia del proceso.

Es importante destacar que el análisis de capacidad del proceso no es una actividad única, sino que debe realizarse continuamente para garantizar que el proceso siga funcionando correctamente. La evaluación regular de la capacidad del proceso puede ayudar a prevenir problemas en el proceso antes de que ocurran y a garantizar que el proceso siga produciendo productos de calidad.

En conclusión, el análisis de capacidad del proceso es una herramienta esencial para garantizar que los procesos de fabricación estén produciendo productos de calidad y reducir la variabilidad y los residuos en el proceso. Al utilizar el índice de capacidad del proceso, el análisis de histogramas, el análisis de control estadístico de procesos y el análisis de capacidad del proceso a largo plazo, se pueden identificar y corregir los problemas del proceso, mejorar la eficiencia del proceso y la calidad del producto.

HERRAMIENTAS DE GESTIÓN DE PROYECTOS

La industria automotriz es una de las más complejas y desafiantes en términos de proyectos de calidad. La creciente demanda de vehículos de alta calidad, la creciente complejidad de los sistemas de los vehículos y la necesidad de cumplir con regulaciones y estándares de seguridad cada vez más estrictos hacen que la gestión de proyectos sea crítica para el éxito en esta industria.

La gestión de proyectos en la industria automotriz se enfoca en la planificación, seguimiento y control de proyectos para asegurar que se cumplan los objetivos de calidad, costo y tiempo. Las herramientas de gestión de proyectos son fundamentales para la gestión efectiva de proyectos, como el diagrama de Gantt y la matriz RACI, entre otras. En este capítulo, se describen estas herramientas en detalle.

Diagrama de Gantt

El diagrama de Gantt es una herramienta visual utilizada para planificar y controlar proyectos. Esta herramienta se basa en un gráfico de barras que muestra el tiempo de duración de cada tarea del proyecto. El eje horizontal representa el tiempo y el eje vertical representa las tareas.

El diagrama de Gantt es útil para identificar los hitos del proyecto, los tiempos de inicio y finalización de cada tarea, y las dependencias entre tareas. También es posible identificar qué tareas son críticas para el proyecto y cuáles pueden ser más flexibles en términos de tiempo.

En la industria automotriz, el diagrama de Gantt es una herramienta clave para la planificación y seguimiento de proyectos complejos. El diagrama de Gantt permite a los gerentes de proyecto y equipos de proyecto visualizar la programación de cada tarea y planificar el tiempo necesario para completar cada tarea. También permite identificar los recursos necesarios para cada tarea y hacer ajustes en caso de problemas o cambios en el proyecto.

Matriz RACI

La matriz RACI es una herramienta utilizada para identificar y definir roles y responsabilidades en un proyecto. La matriz RACI es una herramienta de comunicación que ayuda a definir quién es responsable, quién es el encargado de tomar decisiones, quién es consultado y quién es informado en cada tarea del proyecto.

La matriz RACI se divide en cuatro roles principales: Responsable, Aprobador, Consultado e Informado. Estos roles se representan en las columnas de la matriz. Las filas de la matriz representan las tareas del proyecto. El objetivo de la matriz RACI es asegurar que cada tarea tenga un solo responsable y que las responsabilidades de cada persona involucrada en la tarea estén claramente definidas.

En la industria automotriz, la matriz RACI es una herramienta crítica para la gestión efectiva de proyectos. Debido a que los proyectos en esta industria involucran múltiples departamentos y equipos, la claridad en los roles y responsabilidades es fundamental para asegurar que el proyecto se complete a tiempo y con la calidad requerida.

Análisis FODA

El análisis FODA es una herramienta utilizada para evaluar las fortalezas, debilidades, oportunidades y amenazas de una empresa o proyecto. Esta herramienta se utiliza para identificar las áreas que deben mejorarse y las oportunidades que pueden ser aprovechadas.

El análisis FODA se divide en cuatro categorías: Fortalezas, Debilidades, Oportunidades y Amenazas. En la categoría de Fortalezas, se identifican los puntos fuertes de la empresa o proyecto. En la categoría de Debilidades, se identifican las áreas que deben mejorarse. En la categoría de Oportunidades, se identifican las oportunidades que pueden ser aprovechadas. En la categoría de

Amenazas, se identifican los factores externos que pueden afectar negativamente al proyecto.

En la industria automotriz, el análisis FODA es una herramienta importante para evaluar los proyectos y la empresa en su conjunto. Este análisis permite identificar las áreas que necesitan mejoras, como la calidad de los productos, la eficiencia en la producción y la satisfacción del cliente. También permite identificar oportunidades para expandir el negocio, como la entrada en nuevos mercados o la creación de nuevos productos. Además, ayuda a identificar las amenazas que pueden afectar al proyecto, como cambios en la regulación gubernamental, la competencia y la inestabilidad económica.

Mapa de Procesos

El mapa de procesos es una herramienta utilizada para visualizar los procesos de una organización o proyecto. Esta herramienta se utiliza para identificar los procesos críticos y cómo se relacionan entre sí. El mapa de procesos es una herramienta de comunicación que ayuda a identificar problemas y oportunidades de mejora en los procesos.

El mapa de procesos se representa gráficamente como un diagrama de flujo que muestra los procesos principales y subprocesos de la organización. Cada proceso se representa en una caja o rectángulo, y las flechas indican la dirección del flujo de trabajo. El mapa de procesos también puede incluir indicadores de rendimiento, como tiempos de ciclo y tasas de error.

En la industria automotriz, el mapa de procesos es una herramienta importante para visualizar los procesos críticos y cómo se relacionan entre sí. Permite a los equipos de proyecto y gerentes de proyecto identificar los cuellos de botella en los procesos, las áreas de ineficiencia y las oportunidades de mejora. También permite identificar los procesos que son críticos para la calidad del producto y la satisfacción del cliente.

Análisis de riesgos

El análisis de riesgos es una herramienta utilizada para identificar y evaluar los riesgos de un proyecto. Esta herramienta se utiliza para identificar los riesgos potenciales y cómo pueden afectar al proyecto. El análisis de riesgos es una herramienta de gestión de riesgos que ayuda a los equipos de proyecto a planificar y tomar medidas para reducir o mitigar los riesgos.

El análisis de riesgos se divide en varias etapas: identificación de riesgos, evaluación de riesgos, mitigación de riesgos y monitoreo de riesgos. La identificación de riesgos implica identificar los riesgos potenciales y cómo pueden afectar al proyecto. La evaluación de riesgos implica evaluar la probabilidad y el impacto de cada riesgo identificado. La mitigación de riesgos implica tomar medidas para reducir o mitigar los riesgos. El monitoreo de riesgos implica monitorear continuamente los riesgos para asegurar que se estén gestionando de manera efectiva.

En la industria automotriz, el análisis de riesgos es una herramienta crítica para la gestión efectiva de proyectos. Debido a la complejidad de los proyectos y la naturaleza de los riesgos potenciales, es esencial que los equipos de proyecto realicen un análisis de riesgos detallado y completo. Algunos de los riesgos comunes en la industria automotriz incluyen la falta de cumplimiento normativo, los problemas de calidad en los proveedores, los retrasos en la producción y los problemas de seguridad.

Diagrama de Gantt

El diagrama de Gantt es una herramienta utilizada para planificar y programar tareas en un proyecto. Esta herramienta se utiliza para visualizar el tiempo que llevará cada tarea y cómo se relaciona con otras tareas en el proyecto. El diagrama de Gantt es una herramienta de gestión de proyectos que ayuda a los equipos de proyecto a planificar y monitorear el progreso del proyecto.

El diagrama de Gantt se representa gráficamente como un diagrama de barras que muestra la duración de cada tarea y su relación con otras tareas. Las barras representan la duración de cada tarea y las flechas indican la relación entre las tareas. El diagrama de Gantt también puede incluir información adicional, como fechas de inicio y finalización, recursos asignados y hitos del proyecto.

En la industria automotriz, el diagrama de Gantt es una herramienta importante para la planificación y programación de tareas. Permite a los equipos de proyecto visualizar el progreso del proyecto y asegurarse de que se cumplan los plazos del proyecto. También ayuda a los gerentes de proyecto a identificar los problemas y tomar medidas correctivas si es necesario.

Matriz RACI

La matriz RACI es una herramienta utilizada para definir y comunicar roles y responsabilidades en un proyecto. Esta herramienta se utiliza para identificar quién es responsable, quién es accountable, quién es consultado y quién es informado para cada tarea en el proyecto. La matriz RACI es una herramienta de gestión de proyectos que ayuda a los equipos de proyecto a asegurarse de que todos los miembros del equipo comprendan sus roles y responsabilidades.

La matriz RACI se representa gráficamente como una tabla que enumera cada tarea en el proyecto y los miembros del equipo asignados a cada tarea. Cada tarea tiene una de las siguientes designaciones: Responsable, Accountable, Consulted e Informed. El responsable es la persona que realiza la tarea, el accountable es la persona que toma la decisión final sobre la tarea, el consultado es la persona que proporciona información y el informado es la persona que necesita saber sobre la tarea.

En la industria automotriz, la matriz RACI es una herramienta importante para definir y comunicar roles y responsabilidades en un proyecto. Permite a los equipos de proyecto asegurarse de que todos los miembros del equipo comprendan sus roles y responsabilidades. También ayuda a los gerentes de proyecto a identificar las áreas donde se necesita más apoyo y asegurarse de que todas las tareas estén siendo realizadas de manera efectiva.

Conclusiones

En la industria automotriz es fundamental contar con herramientas de gestión de proyectos efectivas para garantizar el éxito de los mismos. La planificación, programación y coordinación adecuadas son clave para asegurar que los proyectos se completen dentro de los plazos y presupuestos previstos, con la calidad y seguridad requeridas. El análisis FODA, el mapa de procesos, el análisis de riesgos, el diagrama de Gantt y la matriz RACI son herramientas valiosas que permiten a los equipos de proyecto identificar oportunidades y amenazas, definir roles y responsabilidades, y monitorear el progreso del proyecto. Al utilizar estas herramientas de manera efectiva, la industria automotriz puede mantenerse competitiva en un mercado en constante evolución y seguir innovando para satisfacer las necesidades y expectativas de los clientes.

INTRODUCCIÓN A LEAN SIX SIGMA

Lean Six Sigma es una metodología de mejora continua que combina los principios del Lean Manufacturing y Six Sigma para eliminar el desperdicio y reducir la variabilidad en los procesos. Esta metodología tiene como objetivo mejorar la calidad de los productos y servicios, reducir los costos y aumentar la satisfacción del cliente.

El Lean Manufacturing se enfoca en eliminar el desperdicio, mientras que Six Sigma se enfoca en reducir la variabilidad. Al combinar estas dos metodologías, Lean Six Sigma busca mejorar la eficiencia y efectividad de los procesos de manera holística.

La metodología Lean Six Sigma se compone de cinco fases: Definir, Medir, Analizar, Mejorar y Controlar (DMAIC, por sus siglas en inglés). Cada una de estas fases tiene un propósito específico y se utiliza para llevar a cabo la mejora continua en los procesos.

Fase 1: Definir

La fase de Definir tiene como objetivo definir el problema y establecer los objetivos de mejora. Durante esta fase, se identifican los procesos que se van a mejorar y se establecen los objetivos de mejora en términos de calidad, costo y tiempo.

También se crea un equipo de mejora que estará encargado de llevar a cabo el proyecto. Este equipo debe estar compuesto por personas de diferentes áreas de la organización para tener una perspectiva amplia y diversa.

Fase 2: Medir

La fase de Medir tiene como objetivo recopilar datos sobre el proceso actual para tener una base de comparación con el proceso mejorado. Durante esta fase, se identifican las variables críticas que afectan la calidad del proceso y se establecen los indicadores de desempeño que se utilizarán para medir la mejora.

También se establecen las herramientas y técnicas que se utilizarán para recopilar y analizar los datos. Algunas de estas herramientas incluyen el diagrama de flujo, el diagrama de Pareto, el histograma y la hoja de control.

Fase 3: Analizar

La fase de Analizar tiene como objetivo identificar las causas raíz del problema y encontrar oportunidades de mejora. Durante esta fase, se analizan los datos recopilados en la fase de Medir para identificar patrones y tendencias.

También se utilizan herramientas y técnicas de análisis como el análisis de causa raíz, el análisis de correlación y el análisis de varianza para identificar las causas del problema y las oportunidades de mejora.

Fase 4: Mejorar

La fase de Mejorar tiene como objetivo implementar soluciones para corregir las causas raíz identificadas en la fase de Analizar. Durante esta fase, se desarrollan soluciones potenciales y se selecciona la mejor solución para implementar.

También se utiliza la herramienta de diseño de experimentos para probar la solución y asegurarse de que sea efectiva antes de implementarla en el proceso.

Fase 5: Controlar

La fase de Controlar tiene como objetivo mantener la mejora y prevenir la recurrencia del problema. Durante esta fase, se establecen medidas de control para asegurarse de que la solución implementada se mantenga en el tiempo.

También se establecen planes de seguimiento y monitoreo para medir la efectividad de la solución y tomar medidas correctivas si es necesario. Se pueden establecer sistemas de retroalimentación y evaluación periódica para garantizar que el proceso siga mejorando con el tiempo.

Además de las cinco fases DMAIC, la metodología Lean Six Sigma también incluye otras herramientas y técnicas que se utilizan para mejorar la calidad y reducir los costos. Algunas de estas herramientas incluyen:

Mapas de flujo de valor: esta herramienta se utiliza para visualizar el proceso completo y identificar áreas de desperdicio. Permite identificar oportunidades de mejora y desarrollar un plan para eliminar el desperdicio y mejorar el flujo del proceso.

5S: esta técnica se utiliza para organizar el lugar de trabajo y mejorar la eficiencia. Consiste en clasificar, ordenar, limpiar, estandarizar y mantener el lugar de trabajo.

Poka-yoke: esta técnica se utiliza para evitar errores y defectos en el proceso. Consiste en diseñar el proceso de manera que sea imposible cometer errores o defectos.

Kanban: esta técnica se utiliza para controlar el flujo de trabajo y mejorar la eficiencia. Consiste en utilizar tarjetas o señales visuales para indicar cuándo se debe producir más productos o cuándo se debe reabastecer el inventario.

La metodología Lean Six Sigma se puede aplicar en cualquier tipo de organización, desde empresas manufactureras hasta organizaciones de servicios. También se puede aplicar en cualquier proceso, desde la fabricación de productos hasta el servicio al cliente.

El éxito de la implementación de Lean Six Sigma depende de la cultura de la organización. Es importante que la organización tenga una cultura de mejora continua y esté comprometida con la implementación de Lean Six Sigma. También es importante que los líderes de la organización apoyen y participen activamente en el proceso de mejora continua.

En resumen, Lean Six Sigma es una metodología de mejora continua que combina los principios del Lean Manufacturing y Six Sigma para eliminar el desperdicio y reducir la variabilidad en los procesos. Esta metodología tiene como objetivo mejorar la calidad de los productos y servicios, reducir los costos y aumentar la satisfacción del cliente. La metodología se compone de cinco fases: Definir, Medir, Analizar, Mejorar y Controlar (DMAIC), y utiliza herramientas y técnicas como mapas de flujo de valor, 5S, Poka-yoke y Kanban para mejorar la eficiencia y efectividad de los procesos. El éxito de la implementación de Lean Six Sigma depende de la cultura de la organización y el compromiso de los líderes.

152

HISTORIA Y EVOLUCIÓN DE LEAN SIX SIGMA

En los últimos años, Lean Six Sigma se ha convertido en una metodología popular de mejora continua que se ha utilizado en diversas organizaciones y empresas. Esta metodología combina los principios de Lean y Six Sigma para eliminar los residuos, reducir los defectos y mejorar la eficiencia y efectividad de los procesos. En este capítulo, se discutirá la historia y la evolución de Lean Six Sigma, desde sus orígenes hasta su adopción actual en el mundo empresarial.

Orígenes de Lean Six Sigma

La filosofía Lean se originó en Japón en la década de 1950, en la industria automotriz, específicamente en Toyota. El objetivo principal de Lean es maximizar el valor del cliente mientras se minimiza el desperdicio. El enfoque principal de Lean es la eliminación de residuos en los procesos, como la sobreproducción, el tiempo de espera, el transporte, el procesamiento excesivo, el inventario, el movimiento y los defectos.

Por otro lado, Six Sigma es una metodología que se originó en Motorola en la década de 1980. El objetivo principal de Six Sigma es reducir la variabilidad y los defectos en los procesos. La metodología utiliza herramientas estadísticas para identificar y analizar los problemas y mejorar la calidad de los productos y servicios.

La combinación de Lean y Six Sigma se produjo en la década de 1990 cuando las empresas comenzaron a buscar formas de mejorar su eficiencia y efectividad en los procesos. La metodología Lean Six Sigma se convirtió en una herramienta popular para las empresas para mejorar su calidad, reducir costos y mejorar la satisfacción del cliente.

Desarrollo de Lean Six Sigma

La metodología Lean Six Sigma ha evolucionado con el tiempo para adaptarse a las necesidades cambiantes de las empresas. A continuación, se describen algunas de las etapas clave en la evolución de Lean Six Sigma:

Inicio de la metodología Lean Six Sigma

La metodología Lean Six Sigma comenzó a utilizarse en la década de 1990 en empresas como General Electric y Motorola. En este momento, la metodología se centró en la mejora de procesos y la reducción de costos.

La metodología Lean Six Sigma se basa en cinco fases, conocidas como DMAIC (Definir, Medir, Analizar, Mejorar y Controlar). Cada fase tiene un conjunto de herramientas y técnicas que se utilizan para identificar y resolver problemas en los procesos.

Ampliación de Lean Six Sigma a otras industrias

En la década de 2000, la metodología Lean Six Sigma se amplió a otras industrias, como la salud y el gobierno. Las empresas comenzaron a utilizar la metodología para mejorar la calidad de los servicios y reducir los costos.

La metodología Lean Six Sigma también se adaptó para abordar problemas específicos en cada industria. Por ejemplo, en la industria de la salud, se utiliza Lean Six Sigma para mejorar la eficiencia de los procesos y reducir los errores médicos.

Integración de Lean Six Sigma con otras metodologías

En la última década, la metodología Lean Six Sigma se ha integrado con otras metodologías, como el pensamiento de diseño y la gestión de proyectos ágil. La integración de estas metodologías ha llevado a la creación de nuevas herramientas y técnicas que se utilizan en la mejora continua.

La metodología Lean Six Sigma también se ha adaptado para abordar problemas específicos en cada organización. Se han desarrollado versiones personalizadas de

Lean Six Sigma para la industria de servicios, el sector público y el sector sin fines de lucro. También se ha creado una versión para pequeñas y medianas empresas.

Además, la metodología Lean Six Sigma ha evolucionado para incluir el concepto de Lean Startup. La metodología Lean Startup se centra en la creación de productos y servicios que satisfagan las necesidades del cliente. Se utiliza para desarrollar productos mínimos viables (MVP) y experimentar con el mercado para obtener retroalimentación temprana.

Beneficios de Lean Six Sigma

La metodología Lean Six Sigma se utiliza para mejorar la calidad, reducir los costos y aumentar la satisfacción del cliente. Los beneficios de Lean Six Sigma incluyen:

Mejora de la calidad: Lean Six Sigma ayuda a mejorar la calidad de los productos y servicios al reducir los defectos y la variabilidad en los procesos.

Reducción de costos: Lean Six Sigma ayuda a reducir los costos al eliminar los residuos en los procesos y mejorar la eficiencia.

Aumento de la satisfacción del cliente: Lean Six Sigma ayuda a mejorar la satisfacción del cliente al mejorar la calidad de los productos y servicios y reducir los tiempos de espera.

Mejora de la eficiencia: Lean Six Sigma ayuda a mejorar la eficiencia al eliminar los residuos y mejorar los procesos.

Aumento de la rentabilidad: Lean Six Sigma ayuda a aumentar la rentabilidad al reducir los costos y mejorar la calidad de los productos y servicios.

Conclusión

La metodología Lean Six Sigma ha evolucionado con el tiempo para adaptarse a las necesidades cambiantes de las empresas y organizaciones. La combinación de los principios de Lean y Six Sigma ha demostrado ser efectiva para mejorar la calidad, reducir los costos y aumentar la satisfacción del cliente. La metodología se ha adaptado para abordar problemas específicos en cada industria y organización. La metodología Lean Six Sigma seguirá evolucionando y adaptándose para satisfacer las necesidades futuras de las empresas y organizaciones en todo el mundo.

PRINCIPIOS DE LEAN SIX SIGMA

El Lean Six Sigma es un enfoque de gestión que combina las metodologías Lean y Six Sigma para mejorar la calidad, reducir los costos y aumentar la eficiencia en una organización. Este enfoque se centra en la eliminación de desperdicios, la mejora continua y la reducción de la variabilidad en los procesos de producción. El presente capítulo se enfocará en los principios básicos de Lean Six Sigma y cómo se pueden aplicar en una organización para obtener mejores resultados.

Introducción al Lean Six Sigma

El Lean Six Sigma es un enfoque de gestión que se ha utilizado en muchas organizaciones para mejorar la calidad, reducir los costos y aumentar la eficiencia. Esta metodología combina las herramientas y técnicas de Lean y Six Sigma para crear un enfoque de mejora continua en la organización. Los principios de Lean Six Sigma se basan en la eliminación de desperdicios, la mejora continua y la reducción de la variabilidad en los procesos de producción.

Los principios de Lean Six Sigma

Los principios de Lean Six Sigma se basan en cinco principios clave: el enfoque en el cliente, la mejora continua, la eliminación de desperdicios, la reducción de la variabilidad y la mejora del rendimiento. A continuación, se describen cada uno de estos principios.

Enfoque en el cliente

El primer principio de Lean Six Sigma es el enfoque en el cliente. La idea es que una organización debe centrarse en lo que el cliente quiere y necesita, en lugar de centrarse en lo que la organización quiere producir. Para lograr esto, una organización debe comprender las necesidades de sus clientes y garantizar que sus productos y servicios cumplan con esas necesidades.

Mejora continua

El segundo principio de Lean Six Sigma es la mejora continua. La idea es que una organización siempre debe esforzarse por mejorar sus procesos y productos para satisfacer mejor las necesidades de sus clientes. Esto se logra a través de la identificación y eliminación de desperdicios, la reducción de la variabilidad y el aumento de la eficiencia.

Eliminación de desperdicios

El tercer principio de Lean Six Sigma es la eliminación de desperdicios. La idea es que una organización debe eliminar cualquier actividad o proceso que no agregue valor al producto o servicio que se está produciendo. Esto se logra a través de la identificación y eliminación de procesos redundantes, actividades innecesarias y cualquier otra cosa que no contribuya al valor final del producto o servicio.

Reducción de la variabilidad

El cuarto principio de Lean Six Sigma es la reducción de la variabilidad. La idea es que una organización debe minimizar la variabilidad en sus procesos para lograr una mayor eficiencia y calidad. Esto se logra a través de la identificación y eliminación de cualquier fuente de variabilidad en el proceso de producción.

Mejora del rendimiento

El quinto principio de Lean Six Sigma es la mejora del rendimiento. La idea es que una organización debe medir y mejorar constantemente su rendimiento para lograr una mayor eficiencia y calidad. Esto se logra a través del seguimiento y medición de los indicadores clave de rendimiento y la implementación de mejoras en los procesos de producción.

Cómo aplicar los principios de Lean Six Sigma

Para aplicar los principios de Lean Six Sigma en una organización, se requiere un enfoque estructurado y sistemático. A continuación, se describen los pasos necesarios para aplicar estos principios en una organización.

Identificar los procesos clave

El primer paso para aplicar los principios de Lean Six Sigma es identificar los procesos clave de la organización que necesitan mejoras. Esto se puede lograr a través de la realización de un análisis de los procesos de producción, identificando aquellos que tienen mayores costos, mayor tiempo de ciclo o que presentan problemas de calidad.

Analizar los procesos

Una vez identificados los procesos clave, es necesario realizar un análisis detallado de los mismos para identificar los puntos de mejora. Esto se puede lograr a través de la realización de un diagrama de flujo de los procesos, identificando los puntos críticos y los problemas de calidad.

Identificar los desperdicios

Una vez que se han identificado los problemas y los puntos de mejora en los procesos, es necesario identificar los desperdicios en los mismos. Esto se puede lograr a través de la identificación de las actividades que no agregan valor al producto o servicio final y la eliminación de las mismas.

Reducir la variabilidad

Una vez identificados los desperdicios, es necesario reducir la variabilidad en los procesos para lograr una mayor eficiencia y calidad. Esto se puede lograr a través de la identificación y eliminación de las fuentes de variabilidad en el proceso de producción.

Medir y mejorar el rendimiento

Finalmente, es necesario medir y mejorar constantemente el rendimiento de los procesos para lograr una mayor eficiencia y calidad. Esto se puede lograr a través del seguimiento y medición de los indicadores clave de rendimiento y la implementación de mejoras en los procesos de producción.

Beneficios de la aplicación de los principios de Lean Six Sigma

La aplicación de los principios de Lean Six Sigma en una organización puede ofrecer una serie de beneficios, entre los que se incluyen:

Mejora de la calidad del producto o servicio.

Reducción de los costos de producción.

Aumento de la eficiencia y productividad.

Mejora de la satisfacción del cliente.

Reducción del tiempo de ciclo de los procesos de producción.

Aumento de la rentabilidad de la organización.

Conclusiones

El Lean Six Sigma es un enfoque de gestión que combina las metodologías Lean y Six Sigma para mejorar la calidad, reducir los costos y aumentar la eficiencia en una organización. Los principios de Lean Six Sigma se basan en la eliminación de desperdicios, la mejora continua y la reducción de la variabilidad en los procesos de producción. Para aplicar estos principios en una organización, se requiere un enfoque estructurado y sistemático que incluye la identificación de los procesos clave, el análisis de los mismos, la identificación de los desperdicios, la reducción de la variabilidad y la medición y mejora del rendimiento. La aplicación de los principios de Lean Six Sigma puede ofrecer una serie de beneficios para una organización, incluyendo la mejora de la calidad, la reducción de los costos, el aumento de la eficiencia y productividad, la mejora de la satisfacción del cliente y la rentabilidad.

ESTRUCTURA Y COMPONENTES DE LEAN SIX SIGMA

El Lean Six Sigma es una metodología que combina dos enfoques para mejorar los procesos empresariales y reducir los errores: el Lean Manufacturing y Six Sigma. La metodología se centra en la eliminación de los residuos y la reducción de la variación en los procesos. En este capítulo, analizaremos la estructura y componentes de Lean Six Sigma, que incluyen la filosofía Lean, la metodología Six Sigma y las herramientas que se utilizan en la implementación de esta metodología.

Filosofía Lean

La filosofía Lean se originó en Japón y se centró en la eliminación de los residuos en los procesos empresariales. Los residuos son cualquier cosa que no añade valor al producto o servicio, como el tiempo de espera, el exceso de inventario, la sobreproducción, el transporte innecesario, el exceso de procesamiento y los defectos. Al eliminar estos residuos, se mejora la eficiencia y se reducen los costos.

La filosofía Lean se basa en cinco principios:

Valor: el cliente es el que determina el valor de un producto o servicio.

Flujo de valor: los procesos se deben diseñar para crear un flujo de valor continuo desde la materia prima hasta el cliente.

Flujo continuo: los procesos deben diseñarse para minimizar los residuos y maximizar el flujo de valor.

Producción ajustada: se debe producir solo lo que se necesita, cuando se necesita y en la cantidad necesaria.

Perfección: el objetivo final es la perfección, es decir, la eliminación completa de los residuos.

La filosofía Lean se centra en la mejora continua y el aprendizaje organizacional. Los empleados son animados a identificar y eliminar los residuos en sus procesos y a buscar constantemente formas de mejorar. Esta filosofía se aplica no solo a la fabricación, sino también a los servicios y otras industrias.

Metodología Six Sigma

La metodología Six Sigma se centra en la reducción de la variación en los procesos empresariales. La variación es cualquier desviación del proceso estándar que puede conducir a errores o defectos en el producto o servicio. La metodología utiliza una serie de herramientas y técnicas estadísticas para identificar y reducir la variación en los procesos.

La metodología Six Sigma se basa en cinco fases:

Definir: en esta fase, se define el problema y se establece un equipo de proyecto.

Medir: se recopilan datos para comprender el proceso y cuantificar la variación.

Analizar: se analizan los datos para identificar las causas raíz de la variación.

Mejorar: se desarrollan soluciones para reducir la variación y se implementan los cambios.

Controlar: se establecen controles para garantizar que los cambios se mantengan y se miden los resultados para asegurar la mejora continua.

La metodología Six Sigma utiliza un enfoque basado en datos y hechos para la toma de decisiones y se centra en la satisfacción del cliente y la mejora continua. El objetivo es reducir la variación a un nivel de seis sigma, lo que significa que el proceso produce solo 3,4 defectos por millón de oportunidades.

Herramientas Lean Six Sigma

La metodología Lean Six Sigma utiliza una variedad de herramientas y técnicas para identificar y eliminar los residuos y reducir la variación en los procesos. A continuación, se presentan algunas de las herramientas más comunes utilizadas en Lean Six Sigma:

Mapa de flujo de valor: un mapa de flujo de valor es una herramienta visual que muestra el flujo de materiales e información en un proceso. Se utiliza para identificar los residuos en un proceso y para diseñar un flujo de valor más eficiente.

Análisis de Pareto: el análisis de Pareto es una técnica utilizada para identificar los problemas más comunes en un proceso. Se basa en el principio de que el 80% de los problemas provienen del 20% de las causas.

Diagrama de Ishikawa: también conocido como diagrama de espina de pescado, es una herramienta utilizada para identificar las posibles causas raíz de un problema. Se utiliza para identificar las diferentes categorías de causas que pueden contribuir a un problema.

Histograma: un histograma es un gráfico que muestra la distribución de los datos. Se utiliza para identificar la variación en un proceso y para determinar si los datos siguen una distribución normal.

Gráfico de control: un gráfico de control es una herramienta utilizada para monitorear un proceso y detectar cualquier variación no deseada. Se utiliza para identificar cuando un proceso está fuera de control y para tomar medidas para corregirlo.

Análisis de capacidad del proceso: el análisis de capacidad del proceso se utiliza para medir la capacidad de un proceso para cumplir con las especificaciones del cliente. Se utiliza para identificar si un proceso está produciendo productos o servicios que cumplen con los requisitos del cliente.

DMAIC: DMAIC es una herramienta utilizada en la metodología Six Sigma para identificar y reducir la variación en un proceso. Las cinco fases de DMAIC se describen anteriormente en este capítulo.

Roles y responsabilidades en Lean Six Sigma

Para implementar con éxito Lean Six Sigma en una organización, es importante asignar roles y responsabilidades claros a los empleados y líderes de la empresa. A continuación, se presentan algunos de los roles comunes en un equipo de Lean Six Sigma:

Líder de proyecto: el líder de proyecto es responsable de liderar el equipo de proyecto y asegurarse de que se cumplan los objetivos del proyecto.

Sponsor del proyecto: el sponsor del proyecto es un líder ejecutivo de la organización que proporciona apoyo y recursos al equipo de proyecto.

Champion de Lean Six Sigma: el champion de Lean Six Sigma es un líder que apoya la implementación de Lean Six Sigma en la organización y actúa como un defensor de la metodología.

Black Belt: el Black Belt es un experto en Lean Six Sigma que lidera proyectos complejos y trabaja con otros miembros del equipo para implementar soluciones.

Green Belt: el Green Belt es un miembro del equipo de proyecto que trabaja en proyectos menos complejos y proporciona soporte al Black Belt.

Yellow Belt: el Yellow Belt es un miembro del equipo de proyecto que tiene conocimientos básicos de Lean Six Sigma y puede ayudar con tareas específicas en un proyecto.

Equipo de proyecto: el equipo de proyecto está compuesto por personas de diferentes áreas de la organización que trabajan juntas para lograr los objetivos del proyecto. Cada miembro del equipo de proyecto tiene un rol específico y responsabilidades asignadas.

Es importante tener en cuenta que la implementación de Lean Six Sigma requiere un cambio cultural en la organización. Todos los empleados deben estar dispuestos a aprender y adaptarse a los nuevos procesos y técnicas. Los líderes de la organización deben proporcionar un ambiente de apoyo y motivación para asegurar el éxito de la implementación.

Beneficios de Lean Six Sigma

La implementación de Lean Six Sigma puede proporcionar una serie de beneficios para una organización. A continuación, se presentan algunos de los beneficios comunes de Lean Six Sigma:

Reducción de costos: la eliminación de residuos y la reducción de la variación en los procesos pueden ayudar a reducir los costos de producción y mejorar la eficiencia de la organización.

Mejora de la calidad: al reducir la variación en los procesos, la organización puede producir productos y servicios de mayor calidad que satisfagan mejor las necesidades de los clientes.

Aumento de la satisfacción del cliente: la mejora de la calidad y la eficiencia pueden aumentar la satisfacción del cliente y mejorar la imagen de la organización.

Aumento de la productividad: la eliminación de residuos y la reducción de la variación en los procesos pueden aumentar la productividad de la organización.

Mayor capacidad de innovación: al mejorar la eficiencia y la calidad, la organización puede dedicar más recursos a la innovación y el desarrollo de nuevos productos y servicios.

Mejora de la cultura organizacional: la implementación de Lean Six Sigma puede mejorar la cultura organizacional al fomentar la colaboración, la innovación y el aprendizaje continuo.

Conclusión

En resumen, Lean Six Sigma es una metodología poderosa que puede ayudar a las organizaciones a mejorar la eficiencia, reducir los costos y mejorar la calidad de sus productos y servicios. La metodología se basa en la eliminación de residuos y la reducción de la variación en los procesos, y utiliza una variedad de herramientas y técnicas para lograr estos objetivos.

Para implementar con éxito Lean Six Sigma en una organización, es importante asignar roles y responsabilidades claros a los empleados y líderes de la empresa. Además, la implementación de Lean Six Sigma requiere un cambio cultural en la organización, y todos los empleados deben estar dispuestos a aprender y adaptarse a los nuevos procesos y técnicas.

Los beneficios de Lean Six Sigma incluyen la reducción de costos, la mejora de la calidad, el aumento de la satisfacción del cliente, el aumento de la productividad, la capacidad de innovación y la mejora de la cultura organizacional.

En última instancia, la implementación de Lean Six Sigma puede ayudar a las organizaciones a lograr una ventaja competitiva en el mercado y mejorar su posición en la industria.

ROLES Y RESPONSABILIDADES DE UN EQUIPO DE LEAN SIX SIGMA

Lean Six Sigma es una metodología de mejora continua que se enfoca en la eliminación de desperdicios y la reducción de variabilidad en los procesos. Esta metodología se basa en la colaboración entre equipos de trabajo que están dirigidos por líderes de proyectos y apoyados por expertos en análisis de datos y herramientas estadísticas. En este capítulo se describen los roles y responsabilidades de los miembros de un equipo de Lean Six Sigma, incluyendo los líderes de proyectos y los miembros del equipo. También se discute el papel de los expertos en análisis de datos y herramientas estadísticas.

Roles y responsabilidades de un líder de proyecto

El líder de proyecto es el responsable de dirigir el equipo de Lean Six Sigma para lograr los objetivos del proyecto. Sus principales responsabilidades son las siguientes:

Definir el alcance del proyecto: El líder de proyecto debe definir el alcance del proyecto de manera clara y concisa, para que todos los miembros del equipo tengan una comprensión común de lo que se espera lograr. El alcance del proyecto debe incluir los objetivos, las metas y los plazos.

Identificar el equipo: El líder de proyecto debe seleccionar a los miembros del equipo adecuados para el proyecto. Los miembros del equipo deben tener habilidades y conocimientos complementarios que les permitan trabajar de manera efectiva juntos.

Facilitar la comunicación: El líder de proyecto debe facilitar la comunicación entre los miembros del equipo y otros interesados en el proyecto. La comunicación debe ser clara y efectiva, y el líder de proyecto debe asegurarse de que todos los miembros del equipo estén alineados en cuanto a los objetivos del proyecto.

Establecer un plan de proyecto: El líder de proyecto debe establecer un plan de proyecto que incluya las tareas, los plazos y los recursos necesarios para lograr los objetivos del proyecto. El plan de proyecto debe ser realista y tener en cuenta los recursos disponibles y las limitaciones.

Dirigir el equipo: El líder de proyecto debe dirigir el equipo de manera efectiva, motivando a los miembros del equipo y asegurándose de que se cumplan los plazos y los objetivos del proyecto. El líder de proyecto también debe asegurarse de que los miembros del equipo estén trabajando juntos de manera efectiva.

Medir y monitorear el progreso del proyecto: El líder de proyecto debe medir y monitorear el progreso del proyecto en relación con los plazos y los objetivos establecidos. El líder de proyecto debe identificar y abordar cualquier problema que pueda impedir el éxito del proyecto.

Presentar los resultados del proyecto: El líder de proyecto debe presentar los resultados del proyecto a los interesados en el proyecto. La presentación debe ser clara y concisa, y debe destacar los logros y las lecciones aprendidas durante el proyecto.

Roles y responsabilidades de los miembros del equipo Los miembros del equipo son responsables de realizar las tareas asignadas por el líder de proyecto y de trabajar juntos para lograr los objetivos del proyecto. Sus principales responsabilidades son las siguientes:

Contribuir al plan de proyecto: Los miembros del equipo deben contribuir al plan de proyecto establecido por el líder de proyecto. Los miembros del equipo deben asegurarse de que sus tareas estén alineadas con los objetivos del proyecto y deben informar al líder de proyecto si encuentran problemas o desafíos que puedan afectar el progreso del proyecto.

Realizar las tareas asignadas: Los miembros del equipo deben realizar las tareas asignadas por el líder de proyecto en el plazo establecido y de manera efectiva. Los miembros del equipo deben asegurarse de que sus tareas estén completas y bien documentadas.

Trabajar en equipo: Los miembros del equipo deben trabajar juntos de manera efectiva y colaborativa. Los miembros del equipo deben comunicarse de manera efectiva y resolver cualquier problema o conflicto de manera rápida y efectiva.

Identificar y abordar problemas: Los miembros del equipo deben identificar y abordar cualquier problema o desafío que puedan impedir el progreso del proyecto. Los miembros del equipo deben trabajar juntos para encontrar soluciones y tomar medidas correctivas.

Proporcionar datos y análisis: Los miembros del equipo deben proporcionar datos y análisis relevantes para apoyar el proyecto. Los miembros del equipo deben asegurarse de que los datos y análisis sean precisos y estén bien documentados.

Participar en la presentación de resultados: Los miembros del equipo deben participar en la presentación de resultados del proyecto. Los miembros del equipo deben estar preparados para presentar su trabajo y responder preguntas relacionadas con el proyecto.

Roles y responsabilidades de los expertos en análisis de datos y herramientas estadísticas Los expertos en análisis de datos y herramientas estadísticas son responsables de proporcionar asesoramiento y apoyo técnico al líder de proyecto y a los miembros del equipo. Sus principales responsabilidades son las siguientes:

Identificar y aplicar herramientas estadísticas: Los expertos en análisis de datos deben identificar y aplicar herramientas estadísticas relevantes para el proyecto. Los expertos en análisis de datos deben asegurarse de que las herramientas estadísticas sean aplicadas de manera efectiva y adecuada.

Proporcionar análisis de datos: Los expertos en análisis de datos deben proporcionar análisis de datos relevantes para apoyar el proyecto. Los expertos en análisis de datos deben asegurarse de que los análisis sean precisos y estén bien documentados.

Proporcionar asesoramiento técnico: Los expertos en análisis de datos deben proporcionar asesoramiento técnico al líder de proyecto y a los miembros del equipo. Los expertos en análisis de datos deben asegurarse de que el líder de proyecto y los miembros del equipo comprendan la aplicación de las herramientas estadísticas y los análisis de datos.

Participar en la presentación de resultados: Los expertos en análisis de datos deben participar en la presentación de resultados del proyecto. Los expertos en análisis de datos deben estar preparados para presentar su trabajo y responder preguntas relacionadas con el proyecto.

Conclusión

En resumen, los roles y responsabilidades de los miembros de un equipo de Lean Six Sigma son críticos para el éxito del proyecto. El líder de proyecto es responsable de dirigir el equipo y asegurarse de que se cumplan los objetivos del proyecto. Los miembros del equipo deben trabajar juntos de manera efectiva y completar las tareas asignadas. Los expertos en análisis de datos y herramientas estadísticas son responsables de proporcionar asesoramiento y apoyo técnico al líder de proyecto y a los miembros del equipo.

SELECCIÓN DE PROYECTOS LEAN SIX SIGMA

La selección de proyectos es una etapa fundamental en el proceso de implementación de Lean Six Sigma (LSS). En esta etapa se identifican los problemas críticos que afectan la calidad, los costos y los tiempos de entrega en una organización, se priorizan los proyectos que generan mayor impacto y se definen los objetivos de mejora. El éxito de la implementación de LSS depende en gran medida de la selección adecuada de proyectos.

En este capítulo se describe el proceso de selección de proyectos LSS, se presentan las herramientas y técnicas que se utilizan para la identificación y priorización de proyectos, se discuten los criterios de selección y se presentan algunos ejemplos prácticos.

Proceso de Selección de Proyectos LSS

El proceso de selección de proyectos LSS consta de varias etapas que se describen a continuación:

Identificación de problemas críticos: La primera etapa en el proceso de selección de proyectos es identificar los problemas críticos que afectan la calidad, los costos y los tiempos de entrega en una organización. Estos problemas se pueden identificar mediante diversas herramientas y técnicas, como el análisis de datos, el análisis de procesos, el análisis de causa raíz, entre otros.

Priorización de proyectos: Una vez que se han identificado los problemas críticos, es necesario priorizar los proyectos que generan mayor impacto en la organización. Para ello, se pueden utilizar diversas herramientas y técnicas, como la matriz de priorización, el análisis de costo-beneficio, el análisis de riesgos, entre otros.

Definición de objetivos de mejora: Una vez que se han priorizado los proyectos, es necesario definir los objetivos de mejora para cada proyecto seleccionado. Estos objetivos deben ser específicos, medibles, alcanzables, relevantes y oportunos (SMART, por sus siglas en inglés). Los objetivos de mejora deben estar alineados con la estrategia de la organización y deben contribuir a la mejora de los indicadores clave de desempeño (KPI, por sus siglas en inglés).

Selección de equipo de trabajo: Una vez que se han definido los objetivos de mejora, es necesario seleccionar un equipo de trabajo para cada proyecto seleccionado. Este equipo debe estar formado por personas con habilidades y conocimientos específicos para abordar el problema identificado y lograr los objetivos de mejora definidos.

Herramientas y Técnicas para la Identificación y Priorización de Proyectos

Existen diversas herramientas y técnicas que se pueden utilizar para la identificación y priorización de proyectos LSS. A continuación, se describen algunas de las más comunes:

Análisis de datos: El análisis de datos es una herramienta clave en la identificación de problemas críticos en una organización. Se pueden utilizar diversas técnicas estadísticas, como el análisis de varianza, el análisis de regresión, el análisis de tendencias, entre otros, para identificar patrones y tendencias en los datos que indiquen la presencia de problemas críticos.

Análisis de procesos: El análisis de procesos se utiliza para identificar problemas críticos en los procesos productivos o de servicios. Se pueden utilizar diversas herramientas, como el diagrama de flujo, el mapa de procesos, el análisis de valor agregado, entre otros, para identificar cuellos de botella, ineficiencias y oportunidades de mejora en los procesos.

Análisis de causa raíz: El análisis de causa raíz se utiliza para identificar las causas subyacentes de los problemas críticos. Se pueden utilizar diversas herramientas, como el diagrama de Ishikawa, el análisis de los 5 porqués, entre otros, para identificar las causas raíz de los problemas.

Matriz de priorización: La matriz de priorización es una herramienta que permite comparar diferentes proyectos y priorizarlos en función de su impacto en la organización y su factibilidad de implementación. Se pueden utilizar diversos criterios, como el impacto en la calidad, el impacto en los costos, el impacto en los tiempos de entrega, la complejidad de implementación, entre otros, para comparar y priorizar los proyectos.

Análisis de costo-beneficio: El análisis de costo-beneficio se utiliza para evaluar la rentabilidad de los proyectos. Se comparan los costos de implementación con los beneficios esperados y se determina si el proyecto es rentable. Esta herramienta es especialmente útil para evaluar proyectos de mejora que implican grandes inversiones.

Análisis de riesgos: El análisis de riesgos se utiliza para evaluar los riesgos asociados a los proyectos de mejora. Se identifican los riesgos potenciales, se evalúa su probabilidad de ocurrencia y su impacto en el proyecto, y se definen planes de contingencia para minimizar los riesgos.

Criterios de Selección de Proyectos LSS

Para seleccionar los proyectos LSS adecuados, es necesario tener en cuenta diversos criterios, como los siguientes:

Impacto en la organización: Los proyectos seleccionados deben tener un impacto significativo en la organización. Se deben priorizar los proyectos que generan mayor impacto en la calidad, los costos y los tiempos de entrega.

Factibilidad de implementación: Los proyectos seleccionados deben ser factibles de implementar. Se deben tener en cuenta factores como la complejidad de implementación, la disponibilidad de recursos y el tiempo requerido para implementar el proyecto.

Alineación con la estrategia de la organización: Los proyectos seleccionados deben estar alineados con la estrategia de la organización. Se deben priorizar los proyectos que contribuyen a la consecución de los objetivos estratégicos de la organización.

Rentabilidad: Los proyectos seleccionados deben ser rentables. Se deben evaluar los costos de implementación y los beneficios esperados y seleccionar los proyectos que tienen una rentabilidad adecuada.

Ejemplos Prácticos

A continuación, se presentan algunos ejemplos prácticos de selección de proyectos LSS:

Reducción de los tiempos de entrega: En una empresa de manufactura, los tiempos de entrega de los productos son largos y poco predecibles. Se realiza un análisis de proceso y se identifican diversas ineficiencias en el proceso de producción. Se selecciona un proyecto para reducir los tiempos de entrega mediante la implementación de mejoras en el proceso de producción. Se definen objetivos SMART para el proyecto, se selecciona un equipo de trabajo y se implementan las mejoras identificadas en el análisis de proceso.

Mejora de la calidad del producto: En una empresa de servicios de tecnología, se ha identificado una alta tasa de errores en el proceso de desarrollo de software. Se realiza un análisis de proceso y se identifican diversas ineficiencias en el proceso de desarrollo de software. Se selecciona un proyecto para mejorar la calidad del producto mediante la implementación de mejoras en el proceso de desarrollo de software. Se definen objetivos SMART para el proyecto, se selecciona un equipo de trabajo y se implementan las mejoras identificadas en el análisis de proceso.

Reducción de costos: En una empresa de servicios financieros, los costos de operación son muy altos. Se realiza un análisis de proceso y se identifican diversas ineficiencias en los procesos de operación. Se selecciona un proyecto para reducir los costos mediante la implementación de mejoras en los procesos de operación. Se definen objetivos SMART para el proyecto, se selecciona un equipo de trabajo y se implementan las mejoras identificadas en el análisis de proceso.

Conclusión

La selección adecuada de proyectos LSS es fundamental para el éxito de cualquier iniciativa de mejora continua en una organización. Para seleccionar los proyectos adecuados, es necesario realizar un análisis riguroso de los procesos, identificar las ineficiencias y oportunidades de mejora, y evaluar los criterios de selección adecuados. Además, es importante definir objetivos SMART, seleccionar un equipo de trabajo capacitado y comprometido, y asegurarse de contar con los recursos necesarios para la implementación del proyecto. Al seguir estas mejores prácticas, las organizaciones pueden mejorar su desempeño, aumentar su rentabilidad y fortalecer su posición en el mercado.

DEFINICIÓN Y MEDICIÓN DE PROBLEMAS

El Lean Six Sigma es un enfoque de gestión que se centra en la eliminación de desperdicios y la reducción de variaciones en los procesos de una empresa. Para ello, se utilizan herramientas y técnicas específicas que ayudan a identificar y solucionar problemas en la organización. En este capítulo, se abordará la definición y medición de problemas en Lean Six Sigma, lo que es fundamental para el éxito de cualquier iniciativa de mejora continua.

Definición de problemas en Lean Six Sigma

Antes de abordar la definición de problemas en Lean Six Sigma, es importante entender que la palabra "problema" puede tener diferentes significados según la cultura empresarial y el contexto. En Lean Six Sigma, un problema se define como cualquier situación que impide a una empresa cumplir con sus objetivos o que causa insatisfacción en los clientes. En otras palabras, un problema es cualquier brecha entre lo que se espera de un proceso y lo que realmente se obtiene.

Los problemas en Lean Six Sigma se clasifican en tres categorías principales: problemas crónicos, problemas agudos y oportunidades de mejora. Los problemas crónicos son aquellos que ocurren de manera constante y tienen un impacto significativo en el rendimiento de la empresa. Los problemas agudos, por otro lado, son aquellos que surgen de manera imprevista y requieren una acción inmediata para evitar daños mayores. Por último, las oportunidades de mejora son situaciones en las que se identifica un potencial para mejorar un proceso, pero no hay un problema real que deba ser solucionado.

Medición de problemas en Lean Six Sigma

Una vez que se ha definido un problema en Lean Six Sigma, es importante medirlo para entender su impacto en el rendimiento de la empresa y establecer un punto de partida para la mejora. La medición de problemas se realiza a través de diferentes técnicas y herramientas, que varían según el tipo de problema y la industria en la que se encuentra la empresa.

En general, la medición de problemas en Lean Six Sigma se lleva a cabo en tres fases: medición del problema actual, análisis de la causa raíz y medición del impacto de la solución. A continuación, se detallan cada una de estas fases.

Medición del problema actual

La medición del problema actual es la primera fase en la medición de problemas en Lean Six Sigma. En esta fase, se recopilan datos para entender el impacto del problema en el rendimiento de la empresa. Los datos se pueden recopilar de diferentes fuentes, como el sistema de gestión de calidad, el sistema de información de la empresa, las encuestas a clientes y empleados, entre otros.

Una herramienta comúnmente utilizada en esta fase es el diagrama de Pareto, que ayuda a identificar los problemas que tienen un impacto significativo en el rendimiento de la empresa. El diagrama de Pareto se construye ordenando los problemas de mayor a menor impacto y graficando la frecuencia de cada problema en un eje y la acumulación del impacto en el otro eje.

Análisis de la causa raíz

Una vez que se ha medido el problema actual, se procede al análisis de la causa raíz. En esta fase, se busca identificar las causas subyacentes del problema para poder abordarlas de manera efectiva. El análisis de la causa raíz se puede realizar utilizando diferentes herramientas, como el análisis de los 5 porqués, que consiste en hacerse preguntas sucesivas sobre el problema hasta llegar a su causa raíz. También se pueden utilizar herramientas más avanzadas como el diagrama de espina de pescado o diagrama Ishikawa, que ayudan a identificar diferentes causas del problema y agruparlas en categorías.

Una vez identificadas las causas raíz del problema, se puede utilizar un enfoque de análisis de costo-beneficio para determinar la mejor solución a implementar. Este enfoque compara el costo de implementar la solución con los beneficios que se obtendrán, para asegurarse de que la solución elegida sea rentable.

Medición del impacto de la solución

La última fase en la medición de problemas en Lean Six Sigma es la medición del impacto de la solución. Una vez que se ha implementado la solución, se deben medir los resultados para asegurarse de que el problema se ha resuelto de manera efectiva y que se han obtenido mejoras en el rendimiento de la empresa.

La medición del impacto de la solución se realiza utilizando los mismos indicadores que se utilizaron en la medición del problema actual. Si se han recopilado datos suficientes durante la fase de medición del problema actual, se pueden comparar los datos antes y después de la implementación de la solución para determinar el impacto de la mejora.

Conclusiones

La definición y medición de problemas en Lean Six Sigma es fundamental para el éxito de cualquier iniciativa de mejora continua en una empresa. La definición de problemas permite a la empresa identificar brechas entre lo que se espera de un proceso y lo que realmente se obtiene, mientras que la medición de problemas ayuda a establecer un punto de partida para la mejora y a medir el impacto de la solución.

La medición de problemas en Lean Six Sigma se lleva a cabo en tres fases: medición del problema actual, análisis de la causa raíz y medición del impacto de la solución. Cada una de estas fases utiliza diferentes herramientas y técnicas para lograr su objetivo, lo que permite un enfoque estructurado y eficiente para la solución de problemas.

En resumen, la definición y medición de problemas en Lean Six Sigma son herramientas poderosas para cualquier empresa que busque mejorar su rendimiento y reducir costos. Al utilizar estas herramientas de manera efectiva, una empresa puede identificar y solucionar problemas de manera proactiva, lo que la lleva a ser más eficiente y competitiva en el mercado.

ANÁLISIS DE DATOS Y HERRAMIENTAS ESTADÍSTICAS

En los últimos años, la utilización de herramientas y metodologías para el análisis de datos se ha convertido en una práctica común en las empresas que buscan mejorar su eficiencia y eficacia. Una de estas metodologías es Lean Six Sigma, la cual se enfoca en mejorar los procesos empresariales a través de la eliminación de desperdicios y la reducción de variabilidad en la producción.

En este capítulo, se abordará el análisis de datos y las herramientas estadísticas que se utilizan en Lean Six Sigma para mejorar la calidad de los procesos empresariales. Se explicará en detalle cómo se pueden utilizar estas herramientas para identificar los problemas en un proceso y cómo se pueden aplicar para reducir la variabilidad y mejorar la eficiencia en la producción.

Análisis de datos en Lean Six Sigma

El análisis de datos es una parte fundamental de Lean Six Sigma, ya que permite identificar los problemas en un proceso y encontrar soluciones para mejorar la calidad y eficiencia. En este proceso, se utilizan herramientas y técnicas estadísticas para analizar los datos y encontrar patrones que permitan tomar decisiones informadas sobre cómo mejorar el proceso.

La recopilación de datos es la primera etapa del análisis de datos en Lean Six Sigma. Los datos se pueden recopilar de diferentes maneras, incluyendo la observación directa del proceso, la revisión de registros y la realización de encuestas. Una vez que se han recopilado los datos, se pueden analizar utilizando diferentes técnicas estadísticas.

Una técnica común utilizada en Lean Six Sigma para analizar datos es el análisis de Pareto. Esta técnica se utiliza para identificar los problemas más comunes en un proceso y determinar las causas raíz de estos problemas. El análisis de Pareto se basa en el principio del 80/20, es decir, que el 80% de los problemas son causados por el 20% de las causas. Por lo tanto, al identificar y abordar estas causas raíz, se pueden solucionar la mayoría de los problemas en un proceso.

Otra técnica utilizada en el análisis de datos en Lean Six Sigma es el análisis de correlación. Esta técnica se utiliza para identificar la relación entre dos variables en un proceso. Por ejemplo, si se sospecha que la velocidad de producción está relacionada con el número de errores en el proceso, se puede utilizar el análisis de correlación para determinar si hay una relación entre estas dos variables. Si se encuentra una correlación positiva, es decir, que a medida que aumenta la velocidad de producción, aumentan los errores, entonces se puede tomar medidas para reducir la velocidad de producción y mejorar la calidad del proceso.

El análisis de regresión es otra técnica estadística utilizada en Lean Six Sigma para analizar datos. Esta técnica se utiliza para predecir el valor de una variable en función de otras variables. Por ejemplo, si se quiere predecir el número de productos defectuosos producidos en una semana, se puede utilizar el análisis de regresión para determinar si hay una relación entre el número de horas de trabajo y el número de productos defectuosos producidos. Si se encuentra una relación significativa, se pueden tomar medidas para reducir las horas de trabajo y mejorar la calidad del proceso.

Otras técnicas utilizadas en el análisis de datos en Lean Six Sigma incluyen el análisis de varianza, el análisis de series temporales y el análisis de capacidad. Estas técnicas permiten analizar los datos de diferentes maneras para identificar patrones y tendencias en el proceso, lo que puede ayudar a tomar decisiones informadas sobre cómo mejorar la calidad y eficiencia.

Herramientas estadísticas en Lean Six Sigma

Además de las técnicas estadísticas mencionadas anteriormente, Lean Six Sigma utiliza una serie de herramientas específicas para analizar datos y mejorar los procesos empresariales. A continuación, se describen algunas de estas herramientas.

Diagrama de Ishikawa

El diagrama de Ishikawa, también conocido como diagrama de espina de pescado o diagrama de causa-efecto, es una herramienta utilizada en Lean Six Sigma para identificar las causas raíz de un problema en un proceso. El diagrama se utiliza para visualizar las diferentes causas que pueden contribuir a un problema y para determinar cuáles son las más importantes. Las causas se agrupan en diferentes categorías, como mano de obra, maquinaria, materiales, métodos, entorno y medición. El diagrama de Ishikawa permite analizar el problema de manera estructurada y encontrar soluciones para resolverlo.

Diagrama de flujo

El diagrama de flujo es otra herramienta utilizada en Lean Six Sigma para analizar un proceso y determinar las áreas donde se pueden mejorar la eficiencia y la calidad. El diagrama se utiliza para visualizar el flujo del proceso, desde la entrada de materiales hasta la salida del producto final. Cada etapa del proceso se representa con un símbolo y se conecta con flechas para indicar el flujo del proceso. El diagrama de flujo permite identificar las áreas donde se pueden reducir los desperdicios y mejorar la eficiencia en el proceso.

Gráfico de control

El gráfico de control es una herramienta utilizada en Lean Six Sigma para monitorear un proceso y detectar cualquier cambio que pueda indicar una variabilidad en el proceso. El gráfico se utiliza para visualizar los datos del proceso a lo largo del tiempo y para determinar si los datos se encuentran dentro de los límites de control establecidos. Si los datos se desvían de los límites de control, se pueden tomar medidas para corregir el proceso y mejorar la calidad y eficiencia.

Matriz de correlación

La matriz de correlación es una herramienta utilizada en Lean Six Sigma para visualizar la relación entre múltiples variables en un proceso. La matriz se utiliza para visualizar la correlación entre las diferentes variables y para determinar cuáles son las variables más importantes en el proceso. La matriz de correlación permite identificar las variables que deben ser monitoreadas y controladas para mejorar la calidad y eficiencia en el proceso.

Análisis de capacidad

El análisis de capacidad es una herramienta utilizada en Lean Six Sigma para determinar la capacidad de un proceso para cumplir con las especificaciones del cliente. El análisis se utiliza para comparar la variabilidad del proceso con las especificaciones del cliente y para determinar si el proceso está produciendo productos dentro de las especificaciones. Si el proceso no cumple con las especificaciones del cliente, se pueden tomar medidas para reducir la variabilidad y mejorar la calidad del proceso.

Conclusiones

En conclusión, el análisis de datos y las herramientas estadísticas son fundamentales en Lean Six Sigma para mejorar la calidad y eficiencia en los procesos empresariales. Las diferentes técnicas estadísticas y herramientas permiten identificar las causas raíz de los problemas, reducir la variabilidad del proceso, optimizar la eficiencia y mejorar la satisfacción del cliente.

Es importante destacar que para implementar con éxito Lean Six Sigma, es necesario contar con un equipo altamente capacitado en la aplicación de estas técnicas y herramientas estadísticas. Además, es fundamental que la organización tenga un enfoque centrado en el cliente y en la mejora continua de los procesos.

En resumen, el análisis de datos y las herramientas estadísticas son un componente clave en Lean Six Sigma y son esenciales para la identificación y solución de problemas, reducción de la variabilidad y mejora de la eficiencia en los procesos empresariales. Si se aplican correctamente, estas técnicas pueden ayudar a las organizaciones a mejorar su rendimiento y a mantenerse competitivas en el mercado.

MEJORA DE PROCESOS UTILIZANDO LEAN SIX SIGMA

La mejora de procesos es un aspecto crítico de la gestión empresarial y la competitividad en el mercado actual. Los procesos empresariales ineficientes y poco efectivos pueden causar retrasos, errores, insatisfacción del cliente y pérdida de oportunidades de negocio. Por lo tanto, es importante que las empresas implementen estrategias y metodologías para mejorar continuamente sus procesos y aumentar su eficiencia y eficacia.

En este capítulo, se discutirá la metodología Lean Six Sigma (LSS) como una herramienta efectiva para la mejora de procesos. Se explicará en qué consiste LSS, cómo se aplica en la mejora de procesos, y se proporcionarán algunos ejemplos de cómo LSS ha sido implementado con éxito en diferentes empresas y organizaciones.

Qué es Lean Six Sigma

Lean Six Sigma (LSS) es una metodología que combina dos enfoques: Lean y Six Sigma. Lean se enfoca en la eliminación de desperdicios y mejora de la eficiencia, mientras que Six Sigma se enfoca en la mejora de la calidad y la reducción de la variabilidad. Juntos, estos enfoques ofrecen una metodología integral para la mejora de procesos empresariales.

La metodología LSS se basa en el ciclo PDCA (Plan-Do-Check-Act), que es un enfoque sistemático para la mejora continua de procesos. En este ciclo, primero se planifica el proceso, se ejecuta, se verifica el resultado y se toman medidas correctivas para mejorar el proceso. La metodología LSS utiliza herramientas y técnicas específicas en cada etapa del ciclo PDCA para lograr una mejora continua.

Aplicación de Lean Six Sigma en la mejora de procesos

La aplicación de la metodología LSS en la mejora de procesos implica una serie de pasos. A continuación, se describen los pasos típicos de la aplicación de LSS en la mejora de procesos:

Definición del problema: El primer paso en la aplicación de LSS es definir el problema. Es importante tener una comprensión clara del problema y cómo afecta el proceso empresarial. En este paso, se identifica el problema y se establecen los objetivos de mejora.

Medición: En esta etapa, se recopilan datos para comprender el proceso actual y determinar su rendimiento. Se utilizan herramientas como el análisis de flujo de valor, la medición de tiempos y la evaluación de la satisfacción del cliente para identificar los puntos débiles del proceso.

Análisis: En esta etapa, se analizan los datos recopilados para identificar las causas raíz del problema. Se utilizan herramientas como el diagrama de Ishikawa y el análisis de Pareto para identificar las causas principales del problema.

Mejora: En esta etapa, se desarrollan soluciones para abordar las causas raíz del problema. Se utilizan herramientas como el diseño de experimentos y la matriz de selección de soluciones para desarrollar y seleccionar las soluciones más efectivas.

Control: En esta etapa, se implementan las soluciones desarrolladas y se monitorea el proceso para asegurar que se mantenga en un estado de mejora continua. Se utilizan herramientas como los gráficos de control y la auditoría de procesos para asegurarse de que el proceso esté funcionando de manera efectiva y se mantenga dentro de los límites establecidos.

Ejemplos de aplicación de Lean Six Sigma en la mejora de procesos

A continuación, se presentan algunos ejemplos de cómo la metodología LSS ha sido implementada con éxito en diferentes empresas y organizaciones:

General Electric: GE ha sido uno de los líderes en la implementación de LSS. Han implementado LSS en toda la organización, desde la fabricación hasta los servicios financieros. Como resultado, han logrado reducir costos, mejorar la calidad y aumentar la satisfacción del cliente.

Ford: Ford ha utilizado LSS para mejorar sus procesos de fabricación de automóviles. Han logrado reducir el tiempo de ciclo en la producción de vehículos, reducir los defectos y mejorar la eficiencia de los procesos.

American Express: American Express ha utilizado LSS para mejorar su proceso de servicio al cliente. Han logrado reducir el tiempo de respuesta a los clientes, mejorar la satisfacción del cliente y reducir los costos de servicio.

Amazon: Amazon ha utilizado LSS para mejorar su proceso de gestión de inventario y entrega de productos. Han logrado reducir el tiempo de entrega de los productos, reducir el inventario no vendido y mejorar la eficiencia en la gestión de almacenes.

Conclusiones

La metodología Lean Six Sigma es una herramienta efectiva para la mejora continua de procesos empresariales. La combinación de Lean y Six Sigma permite una aproximación integral a la mejora de procesos, enfocándose tanto en la eficiencia como en la calidad. La aplicación de LSS en la mejora de procesos empresariales implica una serie de pasos que permiten una mejora continua y sistemática. Además, la metodología LSS ha sido implementada con éxito en diferentes empresas y organizaciones, lo que demuestra su efectividad en la mejora de procesos empresariales. En resumen, la metodología LSS es una herramienta valiosa para las empresas que buscan mejorar continuamente sus procesos y aumentar su competitividad en el mercado actual.

MÉTODOS DE CONTROL Y ASEGURAMIENTO DE CALIDAD EN LEAN SIX SIGMA

El control y aseguramiento de calidad son aspectos críticos en cualquier proceso de mejora continua, y no es diferente en Lean Six Sigma. Los métodos utilizados para controlar y asegurar la calidad son esenciales para garantizar que los resultados sean consistentes, confiables y estén alineados con los objetivos del proyecto. En este capítulo, exploraremos los métodos utilizados en Lean Six Sigma para el control y aseguramiento de calidad, incluyendo el control estadístico de procesos, el análisis de capacidad, la validación de medidas, la gestión de cambios y la revisión de procesos.

Control Estadístico de Procesos

El control estadístico de procesos (CEP) es un método utilizado para monitorear y controlar la variabilidad en un proceso. El CEP es una herramienta clave en Lean Six Sigma, ya que permite la identificación temprana de problemas en el proceso y la toma de medidas correctivas antes de que se produzcan problemas mayores. El CEP se basa en la recopilación y análisis de datos del proceso, utilizando gráficos de control para identificar cualquier variación que pueda estar fuera de los límites aceptables.

Existen varios tipos de gráficos de control que se utilizan en Lean Six Sigma, incluyendo gráficos de control de media y rango (Xbar-R), gráficos de control de media y desviación estándar (Xbar-S) y gráficos de control por atributos. Los gráficos de control se utilizan para monitorear las variables clave del proceso y para determinar si el proceso está dentro de los límites aceptables de variabilidad. Si se detecta alguna variación que esté fuera de los límites aceptables, se deben tomar medidas correctivas para corregir el problema.

El análisis de Capacidad

El análisis de capacidad es un método utilizado para determinar si un proceso es capaz de cumplir con las especificaciones del cliente. El análisis de capacidad se utiliza para evaluar la capacidad del proceso para producir productos o servicios dentro de los límites especificados. El análisis de capacidad se basa en el uso de datos estadísticos para determinar la capacidad del proceso, lo que permite la identificación temprana de problemas en el proceso y la toma de medidas correctivas para mejorar la capacidad del proceso.

Existen varios índices de capacidad que se utilizan en Lean Six Sigma, incluyendo el índice de capacidad del proceso (Cp), el índice de capacidad del proceso a corto plazo (Cpk) y el índice de capacidad del proceso a largo plazo (Ppk). Estos índices se utilizan para evaluar la capacidad del proceso para producir productos o servicios dentro de los límites especificados. Si el proceso no cumple con los requisitos de capacidad, se deben tomar medidas correctivas para mejorar la capacidad del proceso.

Validación de Medidas

La validación de medidas es un método utilizado para garantizar que las mediciones tomadas en el proceso sean precisas y confiables. La validación de medidas es esencial para garantizar que los resultados del proceso sean confiables y precisos. La validación de medidas se basa en la comparación de las mediciones tomadas con un estándar de referencia conocido.

Existen varios métodos utilizados en Lean Six Sigma para validar las medidas, incluyendo la repetibilidad y reproducibilidad (R&R) y los estudios de linealidad. El R&R se utiliza para evaluar la variación en las mediciones que se deben a la variación en el proceso y en el operador. Los estudios de linealidad se utilizan para evaluar la precisión de las mediciones en un rango específico de valores. Si se detectan problemas con la precisión de las mediciones, se deben tomar medidas correctivas para corregir el problema.

Gestión de Cambios

La gestión de cambios es un método utilizado para garantizar que los cambios en el proceso se realicen de manera controlada y efectiva. La gestión de cambios es esencial para garantizar que los cambios en el proceso no afecten negativamente la calidad del producto o servicio. La gestión de cambios se basa en la identificación de los cambios necesarios, la evaluación del impacto del cambio en el proceso y la implementación controlada del cambio.

Existen varios pasos que se deben seguir en la gestión de cambios, incluyendo la identificación del cambio, la evaluación del impacto del cambio, la aprobación del cambio y la implementación controlada del cambio. Si se detectan problemas con el cambio, se deben tomar medidas correctivas para corregir el problema.

Revisión de Procesos

La revisión de procesos es un método utilizado para evaluar el rendimiento del proceso y determinar si se están cumpliendo los objetivos del proyecto. La revisión de procesos se utiliza para identificar áreas que requieren mejora y para determinar si se están utilizando los métodos correctos para controlar y asegurar la calidad del proceso.

La revisión de procesos se basa en la recopilación y análisis de datos del proceso, la comparación de los resultados con los objetivos del proyecto y la identificación de áreas que requieren mejora. Si se identifican áreas que requieren mejora, se deben tomar medidas correctivas para corregir el problema.

Conclusiones

El control y aseguramiento de calidad son aspectos críticos en cualquier proceso de mejora continua, y no es diferente en Lean Six Sigma. Los métodos utilizados para controlar y asegurar la calidad son esenciales para garantizar que los resultados sean consistentes, confiables y estén alineados con los objetivos del proyecto. En este capítulo, exploramos los métodos utilizados en Lean Six Sigma para el control y aseguramiento de calidad, incluyendo el control estadístico de procesos, el análisis de capacidad, la validación de medidas, la gestión de cambios y la revisión de procesos.

El control estadístico de procesos es una herramienta clave en Lean Six Sigma, ya que permite la identificación temprana de problemas en el proceso y la toma de medidas correctivas antes de que se produzcan problemas mayores. El análisis de capacidad se utiliza para evaluar la capacidad del proceso para producir productos o servicios dentro de los límites especificados. La validación de medidas es esencial para garantizar que los resultados del proceso sean confiables y precisos. La gestión de cambios es esencial para garantizar que los cambios en el proceso no afecten negativamente la calidad del producto o servicio. La revisión de procesos se utiliza para identificar áreas que requieren mejora y para determinar si se están cumpliendo los objetivos del proyecto.

En general, la utilización efectiva de estos métodos de control y aseguramiento de calidad es esencial para garantizar el éxito del proyecto de mejora continua. La identificación temprana de problemas en el proceso y la toma de medidas correctivas para corregirlos puede ahorrar tiempo y recursos valiosos. Además, la evaluación constante del rendimiento del proceso y la identificación de áreas que requieren mejora pueden ayudar a garantizar que los objetivos del proyecto se cumplan de manera eficiente y efectiva.

Es importante destacar que estos métodos no son solo útiles en el contexto de Lean Six Sigma, sino que también se pueden aplicar en una amplia variedad de contextos y proyectos. Al utilizar estos métodos, las organizaciones pueden mejorar la calidad de sus productos y servicios, aumentar la satisfacción del cliente y mejorar la eficiencia y eficacia de sus procesos.

En resumen, el control y aseguramiento de calidad son aspectos esenciales en cualquier proyecto de mejora continua, y Lean Six Sigma no es una excepción. Los métodos utilizados en Lean Six Sigma para controlar y asegurar la calidad, como el control estadístico de procesos, el análisis de capacidad, la validación de medidas, la gestión de cambios y la revisión de procesos, son herramientas valiosas para garantizar que los objetivos del proyecto se cumplan de manera eficiente y efectiva. Al utilizar estos métodos, las organizaciones pueden mejorar la calidad de sus productos y servicios, aumentar la satisfacción del cliente y mejorar la eficiencia y eficacia de sus procesos.

IMPLEMENTACIÓN DE LEAN SIX SIGMA EN UNA ORGANIZACIÓN

La implementación de Lean Six Sigma en una organización es una estrategia popular para mejorar la eficiencia y la calidad de los procesos. Esta metodología combina la filosofía Lean, que se enfoca en eliminar desperdicios y aumentar la eficiencia, y Six Sigma, que se enfoca en reducir la variabilidad y mejorar la calidad. En este capítulo, se discutirán los conceptos básicos de Lean Six Sigma y se explicará cómo se puede implementar esta metodología en una organización.

¿Qué es Lean Six Sigma?

Lean Six Sigma es una metodología de mejora de procesos que combina los principios de Lean y Six Sigma. La filosofía Lean se enfoca en la eliminación de desperdicios y la mejora de la eficiencia, mientras que Six Sigma se enfoca en la reducción de la variabilidad y la mejora de la calidad. La combinación de estos dos enfoques crea una metodología poderosa que puede mejorar significativamente la eficiencia y la calidad de los procesos en una organización.

Beneficios de la implementación de Lean Six Sigma

La implementación de Lean Six Sigma puede proporcionar una serie de beneficios significativos para una organización. Algunos de estos beneficios incluyen:

Reducción de costos: Lean Six Sigma ayuda a identificar y eliminar desperdicios en los procesos, lo que puede resultar en una reducción significativa de costos.

Mejora de la calidad: Six Sigma se enfoca en la reducción de la variabilidad y la mejora de la calidad, lo que puede ayudar a reducir los defectos y mejorar la satisfacción del cliente.

Mayor eficiencia: Lean se enfoca en la mejora de la eficiencia y la eliminación de desperdicios, lo que puede resultar en procesos más rápidos y menos costosos.

Mayor satisfacción del cliente: La mejora de la calidad y la eficiencia pueden resultar en una mayor satisfacción del cliente, lo que puede ser beneficioso para la imagen de marca y las ventas.

Mayor implicación del personal: La implementación de Lean Six Sigma puede involucrar a los empleados en la mejora de los procesos, lo que puede mejorar la moral y el compromiso del personal.

Pasos para la implementación de Lean Six Sigma

La implementación de Lean Six Sigma implica una serie de pasos clave que deben seguirse para asegurar el éxito de la implementación. En este capítulo, se explicarán los pasos básicos que deben seguirse para implementar esta metodología en una organización.

Identificar los procesos clave

El primer paso para la implementación de Lean Six Sigma es identificar los procesos clave en la organización que necesitan mejora. Estos procesos deben seleccionarse cuidadosamente para asegurarse de que la mejora en estos procesos tenga un impacto significativo en la eficiencia y la calidad de la organización en general. Es importante involucrar a los miembros relevantes de la organización en este proceso de selección de procesos clave, ya que tienen una comprensión más profunda de los procesos y pueden proporcionar información valiosa.

Establecer un equipo de proyecto

Una vez que se han identificado los procesos clave, se debe establecer un equipo de proyecto para implementar Lean Six Sigma. Este equipo debe estar formado por miembros de diferentes áreas de la organización que tienen una comprensión profunda de los procesos seleccionados. El líder del equipo debe tener habilidades de liderazgo fuertes y experiencia en la implementación de Lean Six Sigma.

Realizar una evaluación del proceso

El siguiente paso es realizar una evaluación del proceso para comprender mejor los desafíos y las áreas de mejora. Esto puede implicar la recopilación de datos, la realización de entrevistas y el análisis de procesos. Es importante involucrar a los miembros relevantes de la organización en este proceso de evaluación del proceso para garantizar que se comprendan completamente todos los problemas y desafíos.

Establecer objetivos y métricas de mejora

Una vez que se han identificado los desafíos y las áreas de mejora, se deben establecer objetivos y métricas de mejora. Estos objetivos deben ser específicos, medibles, alcanzables, relevantes y oportunos (SMART) y deben reflejar los desafíos identificados en la evaluación del proceso. Las métricas de mejora deben ser utilizadas para medir el progreso hacia los objetivos y proporcionar retroalimentación sobre el éxito de la implementación.

Desarrollar un plan de implementación

El siguiente paso es desarrollar un plan de implementación detallado que incluya las acciones específicas que se deben tomar para alcanzar los objetivos establecidos. Este plan debe incluir un calendario de implementación, un presupuesto y un plan de gestión del cambio para garantizar que todos los miembros de la organización estén preparados para el cambio.

Implementar y monitorear el plan

Una vez que se ha desarrollado el plan de implementación, se debe implementar y monitorear el plan. Es importante involucrar a todo el equipo de proyecto y a otros miembros relevantes de la organización en este proceso de implementación y monitoreo para garantizar que se logren los objetivos establecidos.

Evaluar el éxito de la implementación

Una vez que se ha implementado el plan de implementación, se debe evaluar el éxito de la implementación. Esto puede implicar la realización de una evaluación de seguimiento para medir el progreso hacia los objetivos establecidos y para identificar cualquier área que necesite más mejora. Es importante utilizar las métricas de mejora establecidas en el paso 2.4 para evaluar el éxito de la implementación.

Consejos y sugerencias para la implementación exitosa de Lean Six Sigma

La implementación exitosa de Lean Six Sigma requiere más que simplemente seguir los pasos básicos. En este capítulo, se proporcionarán consejos y sugerencias adicionales para garantizar una implementación exitosa de Lean Six Sigma en una organización.

Obtener el apoyo de la alta dirección

La implementación exitosa de Lean Six Sigma requiere el apoyo de la alta dirección de la organización. Es importante que la alta dirección comprenda los beneficios potenciales de la implementación de Lean Six Sigma y esté comprometida con el proceso de implementación. Esto puede implicar la asignación de recursos financieros y humanos adecuados y la designación de un líder de proyecto experimentado.

Comunicar claramente el proceso de implementación

Es importante que todos los miembros relevantes de la organización comprendan claramente el proceso de implementación de Lean Six Sigma y estén preparados para el cambio. Esto puede implicar la realización de reuniones de información y capacitación para explicar el proceso de implementación y las ventajas potenciales. También es importante proporcionar una comunicación regular y transparente durante todo el proceso de implementación para mantener a los miembros de la organización informados sobre los progresos y los desafíos.

Establecer objetivos alcanzables

Es importante establecer objetivos alcanzables y realistas para la implementación de Lean Six Sigma. Los objetivos deben ser específicos, medibles, alcanzables, relevantes y oportunos (SMART) y deben reflejar los desafíos identificados en la evaluación del proceso. También es importante establecer un plan de acción detallado para alcanzar estos objetivos.

Involucrar a todos los miembros relevantes de la organización

Es importante involucrar a todos los miembros relevantes de la organización en el proceso de implementación de Lean Six Sigma. Esto puede implicar la formación de equipos de proyecto, la realización de entrevistas y la recopilación de comentarios de los miembros de la organización para identificar problemas y desafíos. También es importante proporcionar capacitación y apoyo continuo a todos los miembros de la organización para garantizar que estén preparados para el cambio.

Evaluar regularmente el progreso

Es importante evaluar regularmente el progreso hacia los objetivos establecidos y ajustar el plan de implementación según sea necesario. Esto puede implicar la realización de evaluaciones de seguimiento y la revisión regular de las métricas de mejora para garantizar que se estén logrando los objetivos. También es importante proporcionar retroalimentación y reconocimiento a los miembros de la organización que contribuyen al éxito de la implementación.

Beneficios de la implementación de Lean Six Sigma

La implementación de Lean Six Sigma puede proporcionar numerosos beneficios a una organización. En este capítulo, se discutirán algunos de los principales beneficios de la implementación de Lean Six Sigma.

Mejora de la calidad

Uno de los principales beneficios de la implementación de Lean Six Sigma es la mejora de la calidad de los productos y servicios de la organización. La metodología Lean Six Sigma se centra en la eliminación de defectos y la reducción de la variación en los procesos, lo que puede mejorar significativamente la calidad de los productos y servicios.

Reducción de costos

La implementación de Lean Six Sigma también puede ayudar a una organización a reducir costos al mejorar la eficiencia y la efectividad de los procesos. Al eliminar los procesos ineficientes y reducir la variación en los procesos, una organización puede reducir los costos de producción y mejorar la rentabilidad.

Aumento de la productividad

La mejora de la eficiencia y la efectividad de los procesos también puede conducir a un aumento de la productividad. Al reducir los tiempos de ciclo y mejorar la calidad de los productos y servicios, una organización puede aumentar su capacidad para producir más en menos tiempo.

Mayor satisfacción del cliente

La mejora de la calidad de los productos y servicios y la reducción de los tiempos de ciclo también pueden conducir a una mayor satisfacción del cliente. Los clientes pueden experimentar una mayor satisfacción al recibir productos y servicios de mayor calidad en menos tiempo.

Mejora de la cultura organizacional

La implementación de Lean Six Sigma también puede mejorar la cultura organizacional de una organización. Al involucrar a todos los miembros de la organización en el proceso de mejora continua, se puede fomentar un sentido de propiedad y responsabilidad por la calidad y la eficiencia de los procesos. Esto puede conducir a una cultura organizacional más positiva y colaborativa.

Ventaja competitiva

La implementación de Lean Six Sigma puede proporcionar una ventaja competitiva a una organización al mejorar la calidad, reducir los costos y aumentar la productividad. Las organizaciones que implementan Lean Six Sigma pueden tener una ventaja competitiva sobre las organizaciones que no lo hacen al ofrecer productos y servicios de mayor calidad a precios más competitivos.

Desafíos de la implementación de Lean Six Sigma

Aunque la implementación de Lean Six Sigma puede proporcionar numerosos beneficios, también puede presentar desafíos para una organización. En este capítulo, se discutirán algunos de los principales desafíos de la implementación de Lean Six Sigma.

Resistencia al cambio

Uno de los principales desafíos de la implementación de Lean Six Sigma es la resistencia al cambio por parte de los miembros de la organización. La implementación de Lean Six Sigma puede requerir cambios significativos en la cultura organizacional y los procesos de trabajo, y algunos miembros de la organización pueden resistirse a estos cambios.

Falta de compromiso de la alta dirección

La falta de compromiso de la alta dirección también puede ser un desafío para la implementación de Lean Six Sigma. Si la alta dirección no está comprometida con el proceso de implementación, puede ser difícil obtener los recursos y el apoyo necesarios para el éxito de la implementación.

Falta de habilidades y conocimientos

La falta de habilidades y conocimientos en la metodología Lean Six Sigma también puede ser un desafío para la implementación. Es importante proporcionar la capacitación y el apoyo adecuados a todos los miembros de la organización para garantizar que estén preparados para el cambio.

Falta de recursos financieros y humanos

La falta de recursos financieros y humanos también puede ser un desafío para la implementación de Lean Six Sigma. La implementación de Lean Six Sigma puede requerir una inversión significativa en recursos financieros y humanos, y puede ser difícil obtener los recursos necesarios si la organización tiene recursos limitados.

Conclusión

La implementación de Lean Six Sigma puede proporcionar numerosos beneficios a una organización, incluida la mejora de la calidad, la reducción de costos, el aumento de la productividad, la mayor satisfacción del cliente y la mejora de la cultura organizacional. Sin embargo, la implementación de Lean Six Sigma también puede presentar desafíos, como la resistencia al cambio, la falta de compromiso de la alta dirección, la falta de habilidades y conocimientos y la falta de recursos financieros y humanos.

Para garantizar el éxito de la implementación de Lean Six Sigma, es importante involucrar a todos los miembros de la organización, proporcionar la capacitación y el apoyo adecuados y garantizar el compromiso de la alta dirección. También es importante abordar los desafíos y problemas a medida que surjan para garantizar la continuidad del proceso de mejora continua.

En resumen, la implementación de Lean Six Sigma puede ser un proceso desafiante, pero los beneficios pueden ser significativos para una organización. Al centrarse en la mejora continua y el compromiso de todos los miembros de la organización, una organización puede mejorar su calidad, reducir sus costos, aumentar su productividad y proporcionar una mayor satisfacción al cliente.

COMUNICACIÓN Y LIDERAZGO EN PROYECTOS LEAN SIX SIGMA

La comunicación y el liderazgo son dos elementos esenciales en cualquier proyecto de mejora de procesos, especialmente en el marco del enfoque Lean Six Sigma. La comunicación efectiva es fundamental para asegurar que todas las partes interesadas comprendan los objetivos y las expectativas del proyecto, así como para mantener una comunicación constante y transparente durante todo el proceso. Por otro lado, el liderazgo efectivo es necesario para garantizar que el equipo del proyecto esté alineado en torno a los objetivos comunes y tenga la motivación y las habilidades necesarias para completar el proyecto de manera exitosa. En este capítulo, exploraremos la relación entre la comunicación y el liderazgo en proyectos Lean Six Sigma, y discutiremos algunas estrategias y mejores prácticas para mejorar ambos elementos en el contexto de una organización.

Comunicación en proyectos Lean Six Sigma

La comunicación es fundamental para el éxito de cualquier proyecto, pero es especialmente importante en proyectos Lean Six Sigma, donde los objetivos pueden ser altamente técnicos y los procesos pueden ser complejos. La comunicación efectiva es necesaria para asegurar que todas las partes interesadas, incluidos los líderes de la organización, el equipo del proyecto y los miembros de la comunidad afectada, comprendan los objetivos del proyecto y la forma en que se llevará a cabo. También es importante para mantener una comunicación constante y transparente durante todo el proceso del proyecto.

Una de las formas más efectivas de asegurar una comunicación efectiva en un proyecto Lean Six Sigma es establecer un plan de comunicación detallado y bien estructurado desde el principio. El plan de comunicación debe incluir una descripción de las audiencias clave, los mensajes clave y los canales de comunicación que se utilizarán para llegar a cada audiencia. También debe establecer claramente los objetivos de comunicación del proyecto y el calendario de las actividades de comunicación que se llevarán a cabo.

Además, es importante que los líderes del proyecto y los miembros del equipo de proyecto se comuniquen abierta y regularmente. Esto puede incluir reuniones periódicas de equipo, actualizaciones de estado regulares y una comunicación abierta y transparente sobre los desafíos y las oportunidades que surgen durante el proyecto.

Otra estrategia efectiva para mejorar la comunicación en proyectos Lean Six Sigma es utilizar herramientas de visualización de datos para comunicar los resultados del proyecto. Las herramientas de visualización de datos pueden ayudar a los miembros del equipo del proyecto y a las partes interesadas a comprender los resultados del proyecto de manera más clara y fácil de entender.

Liderazgo en proyectos Lean Six Sigma

El liderazgo efectivo es crucial en cualquier proyecto, y es particularmente importante en proyectos Lean Six Sigma, donde los procesos y los objetivos pueden ser altamente técnicos y complejos. Los líderes del proyecto deben tener la capacidad de motivar al equipo del proyecto y de guiarlos hacia la meta del proyecto de manera efectiva.

Una de las formas más efectivas de liderar un proyecto Lean Six Sigma es establecer una visión clara y compartida del proyecto desde el principio. Esto puede ayudar a alinear al equipo del proyecto en torno a los objetivos comunes del proyecto y a asegurar que todos los miembros del equipo estén motivados y trabajen juntos de manera efectiva.

Otra estrategia importante para liderar proyectos Lean Six Sigma es fomentar la colaboración y el trabajo en equipo. El enfoque Lean Six Sigma se basa en la idea de que el éxito del proyecto depende de la colaboración efectiva entre todas las partes interesadas. Los líderes del proyecto deben asegurarse de que los miembros del equipo del proyecto trabajen juntos de manera efectiva y de que se promueva una cultura de colaboración y apoyo mutuo.

Además, los líderes del proyecto deben tener habilidades de gestión de proyectos sólidas y estar familiarizados con las herramientas y técnicas Lean Six Sigma. Esto puede ayudar a asegurar que el proyecto se complete dentro del plazo y presupuesto previsto y que se alcancen los objetivos de mejora del proceso.

Otra habilidad importante que los líderes del proyecto deben tener es la capacidad de motivar al equipo del proyecto y de mantener su compromiso durante todo el proceso del proyecto. Esto puede incluir reconocer el buen trabajo del equipo, proporcionar retroalimentación y apoyo regularmente, y asegurarse de que los miembros del equipo tengan las herramientas y recursos necesarios para completar el proyecto de manera efectiva.

Estrategias para mejorar la comunicación y el liderazgo en proyectos Lean Six Sigma

Hay varias estrategias y mejores prácticas que las organizaciones pueden implementar para mejorar tanto la comunicación como el liderazgo en proyectos Lean Six Sigma.

Establecer un plan de comunicación detallado: Como se mencionó anteriormente, establecer un plan de comunicación detallado desde el principio del proyecto puede ayudar a asegurar una comunicación efectiva y constante durante todo el proceso del proyecto. El plan debe incluir una descripción de las audiencias clave, los mensajes clave y los canales de comunicación que se utilizarán para llegar a cada audiencia.

Proporcionar capacitación y desarrollo de liderazgo: La capacitación y el desarrollo de liderazgo pueden ayudar a los líderes del proyecto a desarrollar habilidades de liderazgo sólidas y a estar familiarizados con las herramientas y técnicas Lean Six Sigma. Esto puede mejorar su capacidad para liderar y motivar al equipo del proyecto de manera efectiva.

Fomentar la colaboración y el trabajo en equipo: Como se mencionó anteriormente, fomentar la colaboración y el trabajo en equipo es esencial para el éxito del proyecto Lean Six Sigma. Los líderes del proyecto deben asegurarse de que los miembros del equipo trabajen juntos de manera efectiva y de que se promueva una cultura de colaboración y apoyo mutuo.

Utilizar herramientas de visualización de datos: Las herramientas de visualización de datos pueden ayudar a comunicar los resultados del proyecto de manera más clara y fácil de entender. Los líderes del proyecto deben considerar el uso de herramientas de visualización de datos para comunicar los resultados del proyecto de manera efectiva.

Establecer objetivos claros y compartidos: Establecer objetivos claros y compartidos desde el principio del proyecto puede ayudar a alinear al equipo del proyecto en torno a los objetivos comunes del proyecto y a mantener su motivación y compromiso durante todo el proceso del proyecto.

Conclusión

La comunicación y el liderazgo son dos elementos esenciales en cualquier proyecto de mejora de procesos, especialmente en el marco del enfoque Lean Six Sigma. La comunicación efectiva es fundamental para asegurar que todas las partes interesadas comprendan los objetivos y las expectativas del proyecto, así como para mantener una comunicación constante y abierta durante todo el proceso del proyecto. Por otro lado, el liderazgo efectivo es clave para garantizar que el proyecto se complete dentro del plazo y presupuesto previsto, y que se alcancen los objetivos de mejora del proceso.

Para mejorar la comunicación y el liderazgo en proyectos Lean Six Sigma, las organizaciones deben establecer un plan de comunicación detallado, proporcionar capacitación y desarrollo de liderazgo, fomentar la colaboración y el trabajo en equipo, utilizar herramientas de visualización de datos y establecer objetivos claros y compartidos.

En resumen, el éxito de cualquier proyecto Lean Six Sigma depende en gran medida de la comunicación y el liderazgo efectivos. Los líderes del proyecto deben asegurarse de que la comunicación sea efectiva y constante, y de que se promueva una cultura de colaboración y trabajo en equipo. Además, deben tener habilidades sólidas de liderazgo y estar familiarizados con las herramientas y técnicas Lean Six Sigma. Al implementar las mejores prácticas y estrategias descritas en este capítulo, las organizaciones pueden mejorar la comunicación y el liderazgo en proyectos Lean Six Sigma y, en última instancia, mejorar los procesos y aumentar la satisfacción del cliente.

IDENTIFICACIÓN Y REDUCCIÓN DE DESPERDICIOS EN PROCESOS

En el mundo empresarial actual, la reducción de costos y la eficiencia en los procesos son claves para el éxito de una empresa. Una forma de lograr esto es a través de la implementación de metodologías de mejora continua, como Lean Six Sigma. En este capítulo, se discutirá la identificación y reducción de desperdicios en procesos utilizando la metodología de Lean Six Sigma.

Qué es Lean Six Sigma

Antes de entrar en detalles sobre cómo identificar y reducir desperdicios en procesos, es importante entender qué es Lean Six Sigma. Lean Six Sigma es una metodología de mejora continua que combina dos enfoques: Lean Manufacturing y Six Sigma.

Lean Manufacturing se enfoca en la eliminación de desperdicios en los procesos, mientras que Six Sigma se enfoca en la reducción de la variabilidad y la mejora de la calidad. La combinación de estos dos enfoques resulta en una metodología altamente efectiva para mejorar la eficiencia y calidad en los procesos.

La identificación de desperdicios en procesos

Antes de poder reducir desperdicios en un proceso, es importante identificarlos. Los desperdicios son cualquier actividad o proceso que no agrega valor al producto o servicio final. A continuación, se describen los ocho tipos de desperdicios identificados por Lean Manufacturing:

Sobreproducción: producir más de lo necesario o antes de lo necesario.

Tiempo de espera: tiempo que se pierde esperando por un proceso o recurso.

Transporte: movimiento innecesario de materiales o productos.

Exceso de procesamiento: hacer más de lo que se necesita para completar una tarea.

Inventario: tener más inventario del necesario.

Movimiento: movimiento innecesario de personas o recursos.

Defectos: errores en el proceso que resultan en productos defectuosos.

Subutilización del talento: no aprovechar al máximo el potencial de los empleados.

Para identificar desperdicios en un proceso, es importante realizar un análisis detallado del proceso y buscar áreas donde se puedan eliminar o reducir los desperdicios mencionados anteriormente. Esto se puede hacer a través de la realización de un mapa de flujo de valor, que muestra el flujo del proceso desde el inicio hasta el final.

Una vez que se han identificado los desperdicios, se pueden tomar medidas para reducirlos o eliminarlos por completo.

La reducción de desperdicios en procesos

Una vez que se han identificado los desperdicios en un proceso, es importante tomar medidas para reducirlos o eliminarlos por completo. A continuación, se describen algunas estrategias que se pueden utilizar para reducir desperdicios en procesos utilizando la metodología de Lean Six Sigma:

Implementar el flujo continuo: esto implica eliminar los cuellos de botella y tiempos de espera en el proceso. Al reducir los tiempos de espera y asegurarse de que los procesos se realicen en orden, se puede reducir el desperdicio de transporte, movimiento y sobreproducción.

Reducir la variabilidad: al reducir la variabilidad en el proceso, se puede reducir el desperdicio de exceso de procesamiento y defectos. Se pueden utilizar herramientas como Six Sigma para identificar y reducir la variabilidad en el proceso.

Implementar el sistema pull: esto implica producir solo lo que se necesita, en lugar de producir en exceso y crear inventario innecesario. Al utilizar el sistema pull, se puede reducir el desperdicio de sobreproducción e inventario.

Implementar el kanban: esto implica utilizar señales visuales para indicar cuándo se debe producir más de un producto o cuándo se debe mover un producto a la siguiente etapa del proceso. Al utilizar el kanban, se puede reducir el desperdicio de inventario y transporte.

Mejorar la eficiencia de los procesos: al mejorar la eficiencia de los procesos, se puede reducir el desperdicio de movimiento y subutilización del talento. Se pueden utilizar herramientas como el análisis de tiempo y movimiento para identificar áreas donde se puede mejorar la eficiencia del proceso.

Implementar la filosofía de Kaizen: esto implica la mejora continua del proceso a través de pequeñas mejoras en lugar de grandes cambios. Al implementar la filosofía de Kaizen, se puede reducir el desperdicio en múltiples áreas del proceso.

Capacitar a los empleados: al capacitar a los empleados en Lean Six Sigma, se les puede proporcionar las habilidades y herramientas necesarias para identificar y reducir desperdicios en los procesos. Esto puede conducir a una cultura de mejora continua en la empresa.

Ejemplo de aplicación de Lean Six Sigma en la reducción de desperdicios

Para ilustrar cómo se puede aplicar Lean Six Sigma en la reducción de desperdicios en un proceso, se utilizará el ejemplo de una empresa de fabricación de muebles. La empresa ha identificado que el proceso de ensamblaje de los muebles tiene un desperdicio significativo debido a la sobreproducción y el exceso de procesamiento.

Para reducir el desperdicio de sobreproducción, la empresa decide implementar el sistema pull y el kanban. Utilizan señales visuales para indicar cuándo se necesita producir más de un producto o cuándo se debe mover un producto a la siguiente etapa del proceso.

Para reducir el desperdicio de exceso de procesamiento, la empresa decide utilizar

Six Sigma para reducir la variabilidad en el proceso. Utilizan herramientas de Six Sigma para identificar áreas donde se puede reducir la variabilidad y mejoran los procesos para reducir el exceso de procesamiento.

Para asegurarse de que el proceso se está llevando a cabo de manera eficiente, la empresa utiliza el análisis de tiempo y movimiento para identificar áreas donde se puede mejorar la eficiencia del proceso. También capacitan a los empleados en Lean Six Sigma para fomentar una cultura de mejora continua.

Conclusión

La identificación y reducción de desperdicios en procesos es clave para mejorar la eficiencia y reducir costos en una empresa. Lean Six Sigma es una metodología altamente efectiva para lograr esto. Al identificar los desperdicios en un proceso y tomar medidas para reducirlos o eliminarlos, se pueden mejorar la eficiencia y la calidad de los procesos en una empresa.

Además, la implementación de Lean Six Sigma puede conducir a una cultura de mejora continua en la empresa, lo que puede llevar a una mayor satisfacción del cliente y una ventaja competitiva en el mercado. Es importante destacar que la identificación y reducción de desperdicios en procesos no es un proceso único y continuo, sino que es un proceso iterativo que requiere una constante mejora y monitoreo.

IDENTIFICACIÓN Y ELIMINACIÓN DE CUELLOS DE BOTELLA EN PROCESOS

La identificación y eliminación de cuellos de botella en procesos es un tema clave para mejorar la eficiencia y la rentabilidad de una empresa. En la última década, se ha desarrollado una metodología muy efectiva para lograr esto: Lean Six Sigma. Este enfoque combina la metodología Lean, que se centra en la eliminación de desperdicios, con la metodología Six Sigma, que se centra en la reducción de la variación en los procesos. Juntas, estas metodologías permiten identificar y eliminar los cuellos de botella en los procesos para mejorar la calidad, reducir costos y aumentar la satisfacción del cliente.

En este capítulo, se presentarán los conceptos clave de Lean Six Sigma y se discutirá cómo se puede aplicar esta metodología para identificar y eliminar los cuellos de botella en los procesos. También se discutirán las herramientas y técnicas utilizadas en Lean Six Sigma para lograr estos objetivos.

Conceptos clave de Lean Six Sigma

Para entender cómo funciona Lean Six Sigma, es importante comprender los conceptos clave de ambas metodologías.

Metodología Lean

La metodología Lean se originó en la industria automotriz de Japón en los años 50 y se centró en la eliminación de desperdicios en los procesos de producción. Los cinco principios de la metodología Lean son:

Valor: Identificar lo que el cliente considera valioso.

Flujo de valor: Identificar el flujo de valor en el proceso.

Flujo continuo: Crear un flujo continuo de trabajo para eliminar desperdicios.

Producción pull: Producir solo lo que se necesita, cuando se necesita.

Perfección: Buscar la perfección en el proceso.

La metodología Lean se centra en eliminar o reducir ocho tipos de desperdicios, que son:

Sobreproducción, espera, transporte, sobreprocesamiento, inventario, movimientos innecesarios, defectos, subutilización del talento.

Metodología Six Sigma

La metodología Six Sigma se desarrolló en Motorola en los años 80 y se centró en la reducción de la variación en los procesos de producción. La variación se define como cualquier cosa que pueda afectar negativamente la calidad del producto o servicio.

La metodología Six Sigma se basa en una estrategia llamada DMAIC, que significa:

Definir: Definir el problema o el proceso que se va a mejorar.

Medir: Medir el rendimiento actual del proceso.

Analizar: Analizar los datos para identificar las causas raíz del problema.

Mejorar: Desarrollar e implementar soluciones para abordar las causas raíz.

Controlar: Establecer controles para mantener el proceso mejorado.

El objetivo de Six Sigma es lograr un nivel de calidad de 3.4 defectos por millón de oportunidades (DPMO). Esto significa que el proceso produce productos o servicios de alta calidad con una tasa de error muy baja.

Combinación de Lean y Six Sigma

La combinación de Lean y Six Sigma en la metodología Lean Six Sigma permite aprovechar las fortalezas de ambas metodologías para mejorar la eficiencia y la calidad en los procesos. Al combinar estas dos metodologías, se puede:

Identificar y eliminar los ocho tipos de desperdicios identificados por Lean.

Reducir la variación en los procesos identificados por Six Sigma.

Mejorar la calidad de los productos o servicios.

Reducir los costos y aumentar la rentabilidad.

Aumentar la satisfacción del cliente.

La metodología Lean Six Sigma se basa en cinco fases: definir, medir, analizar, mejorar y controlar (DMAIC). Cada fase tiene un conjunto específico de actividades y herramientas que se utilizan para lograr los objetivos de la fase. A continuación, se describen cada una de las fases.

Fase Definir

La primera fase de la metodología Lean Six Sigma es la fase Definir. En esta fase, se identifica el problema o el proceso que se va a mejorar. Las actividades principales en esta fase incluyen:

Identificar el problema o el proceso a mejorar.

Definir el objetivo del proyecto.

Formar un equipo de trabajo.

Desarrollar un plan de proyecto.

Para lograr estos objetivos, se utilizan varias herramientas y técnicas, como la matriz de selección de proyectos, la carta del proyecto, el mapa de proceso y la definición del alcance del proyecto.

Fase Medir

La segunda fase de la metodología Lean Six Sigma es la fase Medir. En esta fase, se mide el rendimiento actual del proceso y se identifican los puntos de mejora. Las actividades principales en esta fase incluyen:

Identificar las métricas de rendimiento del proceso.

Medir el rendimiento actual del proceso.

Identificar los puntos de mejora del proceso.

Para lograr estos objetivos, se utilizan varias herramientas y técnicas, como el diagrama de flujo, el histograma, el gráfico de control y la capacidad del proceso.

Fase Analizar

La tercera fase de la metodología Lean Six Sigma es la fase Analizar. En esta fase, se analizan los datos para identificar las causas raíz del problema. Las actividades principales en esta fase incluyen:

Analizar los datos del proceso.

Identificar las causas raíz del problema.

Evaluar la importancia y la factibilidad de las soluciones propuestas.

Para lograr estos objetivos, se utilizan varias herramientas y técnicas, como el análisis de Pareto, el análisis de causa raíz, el diagrama de espina de pescado y la matriz de priorización.

Fase Mejorar

La cuarta fase de la metodología Lean Six Sigma es la fase Mejorar. En esta fase, se desarrollan e implementan soluciones para abordar las causas raíz identificadas en la fase Analizar. Las actividades principales en esta fase incluyen:

Generar soluciones potenciales para abordar las causas raíz.

Evaluar y seleccionar las mejores soluciones.

Desarrollar un plan de implementación.

Implementar las soluciones.

Para lograr estos objetivos, se utilizan varias herramientas y técnicas, como el diseño de experimentos, el análisis costo-beneficio, la implementación piloto y el plan de control.

Fase Controlar

La quinta y última fase de la metodología Lean Six Sigma es la fase Controlar. En esta fase, se asegura que las mejoras realizadas en la fase Mejorar se mantengan en el tiempo y se mejore el proceso continuamente. Las actividades principales en esta fase incluyen:

Establecer medidas de control y monitoreo del proceso.

Implementar un plan de control.

Capacitar al personal y documentar los cambios.

Realizar auditorías regulares para evaluar el rendimiento del proceso.

Para lograr estos objetivos, se utilizan varias herramientas y técnicas, como el plan de control, el análisis de tendencias, la capacitación del personal y la revisión de la documentación.

Identificación y eliminación de cuellos de botella

Una de las principales aplicaciones de Lean Six Sigma es la identificación y eliminación de cuellos de botella en los procesos. Un cuello de botella es una etapa en un proceso que limita la capacidad de producción del proceso. Es decir, es un punto en el proceso en el que la capacidad de producción es menor que la demanda del proceso.

La identificación y eliminación de cuellos de botella es esencial para mejorar la eficiencia y la rentabilidad del proceso. La eliminación de un cuello de botella aumenta la capacidad de producción del proceso y reduce el tiempo de espera, lo que mejora la calidad del servicio y la satisfacción del cliente.

Para identificar y eliminar los cuellos de botella en un proceso, se utilizan varias herramientas y técnicas, como el análisis del valor agregado, el análisis de capacidad, el análisis de flujo de proceso y el análisis de tiempo y movimiento.

Análisis del valor agregado

El análisis del valor agregado es una herramienta utilizada para identificar las actividades que agregan valor en el proceso y las actividades que no agregan valor. El objetivo del análisis del valor agregado es eliminar las actividades que no agregan valor para mejorar la eficiencia del proceso.

El análisis del valor agregado se divide en tres categorías: actividades que agregan valor, actividades que no agregan valor, pero son necesarias y actividades que no agregan valor y no son necesarias. Al eliminar las actividades que no agregan valor y no son necesarias, se pueden reducir los costos y mejorar la eficiencia del proceso.

Análisis de capacidad

El análisis de capacidad es una herramienta utilizada para evaluar la capacidad de producción de un proceso. El objetivo del análisis de capacidad es identificar los cuellos de botella en el proceso y mejorar la eficiencia del proceso.

El análisis de capacidad se divide en dos categorías: capacidad nominal y capacidad real. La capacidad nominal es la capacidad teórica del proceso, mientras que la capacidad real es la capacidad real del proceso. Al comparar la capacidad nominal y la capacidad real, se pueden identificar los cuellos de botella en el proceso.

Análisis de flujo de proceso

El análisis de flujo de proceso es una herramienta utilizada para identificar las etapas en un proceso y la secuencia de las etapas. El objetivo del análisis de flujo de proceso es identificar las etapas que agregan valor y las etapas que no agregan valor para mejorar la eficiencia del proceso.

El análisis de flujo de proceso se divide en dos categorías: flujo de proceso actual y flujo de proceso ideal. El flujo de proceso actual describe cómo se realiza el proceso actualmente, mientras que el flujo de proceso ideal describe cómo debería ser el proceso idealmente.

Al comparar el flujo de proceso actual y el flujo de proceso ideal, se pueden identificar las etapas en el proceso que no agregan valor y eliminarlas para mejorar la eficiencia del proceso.

Análisis de tiempo y movimiento

El análisis de tiempo y movimiento es una herramienta utilizada para evaluar el tiempo y los movimientos necesarios para realizar una tarea en un proceso. El objetivo del análisis de tiempo y movimiento es identificar las etapas en el proceso que requieren más tiempo y movimientos para realizar la tarea y mejorar la eficiencia del proceso.

El análisis de tiempo y movimiento se divide en dos categorías: tiempo de ciclo y tiempo de trabajo. El tiempo de ciclo es el tiempo necesario para completar una tarea, mientras que el tiempo de trabajo es el tiempo que se dedica a la tarea. Al reducir el tiempo de trabajo y el tiempo de ciclo, se puede mejorar la eficiencia del proceso.

Conclusión

La metodología Lean Six Sigma es una herramienta efectiva para identificar y eliminar cuellos de botella en los procesos. La metodología se divide en cinco fases: Definir, Medir, Analizar, Mejorar y Controlar.

En la fase Definir, se establece el alcance del proyecto y se identifican los objetivos y el equipo del proyecto.

En la fase Medir, se recopilan datos y se establecen medidas para evaluar el rendimiento del proceso.

En la fase Analizar, se analizan los datos recopilados para identificar los problemas en el proceso.

En la fase Mejorar, se identifican y se implementan soluciones para mejorar el proceso.

En la fase Controlar, se asegura que las mejoras realizadas en la fase Mejorar se mantengan en el tiempo y se mejore el proceso continuamente.

Para identificar y eliminar cuellos de botella en los procesos, se utilizan varias herramientas y técnicas, como el análisis del valor agregado, el análisis de capacidad, el análisis de flujo de proceso y el análisis de tiempo y movimiento.

Al identificar y eliminar los cuellos de botella en los procesos, se pueden mejorar la eficiencia y la rentabilidad del proceso, lo que se traduce en una mayor satisfacción del cliente y una mejora en la calidad del servicio.

DISEÑO DE EXPERIMENTOS Y ANÁLISIS DE VARIANZA

El Diseño de Experimentos (DOE, por sus siglas en inglés) es una técnica estadística que se utiliza para investigar la relación entre los factores de un proceso y los resultados del mismo. El DOE se puede utilizar para optimizar un proceso, identificar la causa raíz de un problema y mejorar la calidad del producto o servicio. La metodología Lean Six Sigma utiliza el DOE como una herramienta clave en su enfoque de mejora continua. En este capítulo, se explicará en detalle cómo se utiliza el DOE con Lean Six Sigma y cómo se lleva a cabo el análisis de varianza (ANOVA) para interpretar los resultados de un experimento.

Definición de Diseño de Experimentos

El DOE se refiere a una técnica estadística que se utiliza para determinar cómo los factores afectan los resultados de un proceso. Los factores pueden ser variables de entrada, tales como la temperatura, la velocidad, la presión, el tiempo, etc. Los resultados pueden ser cualquier cosa que se mida en el proceso, como la calidad del producto, el tiempo de ciclo, el rendimiento, etc. El objetivo del DOE es identificar qué factores son significativos y cuál es la mejor combinación de factores para obtener los resultados deseados.

Tipos de Diseño de Experimentos

Hay varios tipos de DOE que se pueden utilizar dependiendo del objetivo del experimento y de la complejidad del proceso. Algunos de los más comunes son:

Diseño de una sola variable: se utiliza para determinar el efecto de un solo factor sobre el resultado del proceso. Se varía un solo factor a la vez y se mide el resultado.

Diseño factorial: se utiliza para determinar el efecto de varios factores y sus interacciones sobre el resultado del proceso. Se varían varios factores al mismo tiempo y se mide el resultado.

Diseño Taguchi: se utiliza para mejorar la robustez del proceso frente a las variaciones en los factores. Se varían varios factores en combinaciones específicas y se mide el resultado.

Diseño de superficie de respuesta: se utiliza para optimizar los factores de entrada y encontrar la combinación que produce los mejores resultados. Se varían los factores en un rango y se mide el resultado en puntos seleccionados dentro del rango.

Pasos para el Diseño de Experimentos con Lean Six Sigma

El proceso de Diseño de Experimentos con Lean Six Sigma consta de los siguientes pasos:

Paso 1: Definir el objetivo del experimento En este paso, se define claramente el objetivo del experimento. Se identifican los resultados deseados y se determina qué factores pueden afectarlos.

Paso 2: Seleccionar el tipo de diseño de experimentos Una vez que se ha definido el objetivo del experimento, se selecciona el tipo de DOE que se utilizará. Se debe tener en cuenta la complejidad del proceso y el número de factores que se quieren analizar.

Paso 3: Seleccionar los factores y niveles En este paso, se seleccionan los factores que se analizarán en el experimento y se determinan los niveles de cada factor. Es importante seleccionar los factores que se cree que son más significativos y que tienen el mayor impacto en los resultados.

Paso 4: Diseñar el experimento Una vez que se han seleccionado los factores y los niveles, se diseña el experimento. Se establece un plan de experimentación que incluya los grupos de prueba y control, la forma en que se variarán los factores y la forma en que se medirán los resultados.

Paso 5: Realizar el experimento En este paso, se lleva a cabo el experimento según el plan de experimentación diseñado en el paso anterior. Es importante tomar medidas precisas y registrar los datos de forma adecuada.

Paso 6: Analizar los resultados Una vez que se han recopilado los datos, se realiza un análisis estadístico para determinar la relación entre los factores y los resultados. Se utiliza el ANOVA para determinar si hay diferencias significativas entre los grupos de prueba y control y para identificar los factores que tienen un impacto significativo en los resultados.

Paso 7: Interpretar los resultados y tomar medidas En este paso, se interpretan los resultados del análisis estadístico y se toman medidas para mejorar el proceso. Se pueden utilizar herramientas Lean Six Sigma como el Mapa de Proceso y el Análisis de Causa Raíz para identificar las áreas en las que se pueden realizar mejoras y para desarrollar planes de acción para implementar esas mejoras.

Análisis de Varianza (ANOVA)

El ANOVA es una técnica estadística que se utiliza para comparar la media de dos o más grupos y determinar si hay diferencias significativas entre ellos. En el contexto del DOE, el ANOVA se utiliza para analizar los resultados del experimento y determinar si hay diferencias significativas entre los grupos de prueba y control.

El ANOVA se basa en la hipótesis nula de que no hay diferencias significativas entre los grupos y la hipótesis alternativa de que hay al menos una diferencia significativa entre los grupos. El ANOVA calcula la suma de cuadrados total (SCT), que representa la variación total en los datos, y la suma de cuadrados entre grupos (SCG), que representa la variación entre los grupos. La diferencia entre SCT y SCG se llama suma de cuadrados dentro de los grupos (SCW), que representa la variación dentro de los grupos. El ANOVA también calcula el valor F, que es la relación entre la variación entre los grupos y la variación dentro de los grupos.

Si el valor F es mayor que el valor crítico, se rechaza la hipótesis nula y se concluye que hay al menos una diferencia significativa entre los grupos. En ese caso, se pueden realizar pruebas de comparación múltiple para determinar cuáles son los grupos que difieren significativamente entre sí.

Conclusiones

El Diseño de Experimentos y el Análisis de Varianza son técnicas estadísticas clave que se utilizan en Lean Six Sigma para mejorar la calidad del producto o servicio. El DOE permite determinar cómo los factores afectan los resultados del proceso y encontrar la mejor combinación de factores para obtener los resultados deseados. El ANOVA se utiliza para analizar los resultados del experimento y determinar si hay diferencias significativas entre los grupos de prueba y control. Ambas técnicas son fundamentales para el enfoque de mejora continua de Lean Six Sigma y son herramientas valiosas para cualquier organización que busque mejorar su calidad y eficiencia.

DESARROLLO DE SOLUCIONES INNOVADORAS UTILIZANDO LEAN SIX SIGMA

En el entorno empresarial actual, la innovación se ha convertido en una necesidad para las empresas que desean mantenerse competitivas en el mercado. El desarrollo de soluciones innovadoras implica la aplicación de metodologías y herramientas que permitan a las empresas identificar oportunidades de mejora y diseñar soluciones eficientes y efectivas. Entre estas metodologías destaca Lean Six Sigma, que combina los principios de Lean Manufacturing y Six Sigma para mejorar la calidad y eficiencia de los procesos empresariales. En este capítulo se explorará cómo las empresas pueden utilizar Lean Six Sigma para desarrollar soluciones innovadoras y cómo esta metodología puede ayudar a las empresas a mantenerse competitivas en el mercado actual.

¿Qué es Lean Six Sigma?

Lean Six Sigma es una metodología de mejora de procesos que combina los principios de Lean Manufacturing y Six Sigma. Lean Manufacturing se enfoca en eliminar el desperdicio y mejorar la eficiencia en los procesos, mientras que Six Sigma se enfoca en la reducción de la variabilidad y la mejora de la calidad de los procesos. La combinación de estas dos metodologías permite a las empresas mejorar la calidad de sus productos y servicios, reducir los costos y mejorar la satisfacción del cliente.

La metodología Lean Six Sigma se divide en cinco fases: definición, medición, análisis, mejora y control. Cada fase se enfoca en una parte específica del proceso de mejora y utiliza herramientas y técnicas específicas para lograr los objetivos de la fase. El objetivo final de Lean Six Sigma es crear un proceso más eficiente y efectivo, que produzca resultados consistentes y de alta calidad.

Desarrollo de soluciones innovadoras utilizando Lean Six Sigma

El proceso de desarrollo de soluciones innovadoras utilizando Lean Six Sigma comienza con la definición del problema o la oportunidad de mejora. Esta fase se enfoca en identificar el problema o la oportunidad de mejora, establecer los objetivos del proyecto y definir el alcance del proyecto. Una vez que se ha definido el problema, se procede a la siguiente fase: la medición.

La fase de medición se enfoca en recopilar datos sobre el proceso actual y establecer una línea base de desempeño. Esta línea base se utiliza para medir el éxito del proyecto y determinar si las soluciones propuestas han mejorado el proceso. Para recopilar datos, se utilizan herramientas como gráficos de control, diagramas de flujo y mapas de proceso.

La fase de análisis se enfoca en identificar las causas raíz del problema o la oportunidad de mejora. Se utilizan herramientas como diagramas de Ishikawa, análisis de Pareto y análisis de valor para identificar las causas subyacentes del problema. Una vez que se han identificado las causas raíz, se procede a la fase de mejora.

La fase de mejora se enfoca en desarrollar soluciones innovadoras para abordar las causas raíz identificadas en la fase de análisis. Las soluciones propuestas se prueban y se implementan en una pequeña escala antes de ser implementadas en todo el proceso. Se utilizan herramientas como la matriz de selección de soluciones y el plan de implementación para garantizar que las soluciones propuestas sean efectivas y eficientes.

Finalmente, la fase de control se enfoca en mantener y mejorar el proceso después de la implementación de las soluciones. Se establecen medidas de control y se monitorea el desempeño del proceso para asegurarse de que las mejoras se mantengan en el tiempo. Las herramientas utilizadas en esta fase incluyen planes de control, gráficos de control y auditorías de proceso.

Ejemplo de aplicación de Lean Six Sigma en el desarrollo de soluciones innovadoras

Para ilustrar el proceso de desarrollo de soluciones innovadoras utilizando Lean Six Sigma, se presenta un ejemplo de una empresa de fabricación de automóviles que desea mejorar la eficiencia de su línea de ensamblaje.

Definición: La empresa define el problema como una alta tasa de retrabajo en la línea de ensamblaje, lo que ha resultado en una disminución en la producción y un aumento en los costos.

Medición: La empresa recopila datos sobre el proceso de ensamblaje actual y establece una línea base de desempeño. Se utiliza un gráfico de control para monitorear la tasa de retrabajo y se identifica que el problema se concentra en una etapa específica del proceso.

Análisis: La empresa utiliza un diagrama de Ishikawa para identificar las posibles causas del problema. Se descubre que una de las causas es un problema con la herramienta de ensamblaje utilizada en esa etapa específica del proceso.

Mejora: La empresa desarrolla una solución innovadora que implica la creación de una herramienta de ensamblaje más eficiente y ergonómica. Se prueba la herramienta en una pequeña escala y se determina que mejora la eficiencia del proceso y reduce la tasa de retrabajo.

Control: La empresa implementa la herramienta de ensamblaje en toda la línea de ensamblaje y establece medidas de control para monitorear su desempeño. Se utiliza un plan de control para garantizar que se mantenga el desempeño mejorado y se monitorea el proceso a través de gráficos de control y auditorías de proceso.

Resultados: La empresa logra reducir significativamente la tasa de retrabajo y aumentar la producción en la línea de ensamblaje. Además, se logra un ahorro significativo en costos debido a la reducción en la tasa de retrabajo.

Conclusión

El uso de Lean Six Sigma para el desarrollo de soluciones innovadoras es una herramienta poderosa para las empresas que desean mantenerse competitivas en el mercado actual. Esta metodología permite a las empresas identificar oportunidades de mejora, desarrollar soluciones efectivas y eficientes, y mantener el desempeño mejorado en el tiempo. El proceso de desarrollo de soluciones innovadoras utilizando Lean Six Sigma se divide en cinco fases: definición, medición, análisis, mejora y control. Cada fase utiliza herramientas y técnicas específicas para lograr los objetivos de la fase y lograr un proceso más eficiente y efectivo.

IDENTIFICACIÓN Y ANÁLISIS DE RIESGOS EN PROCESOS

La identificación y análisis de riesgos son procesos fundamentales para cualquier empresa que busque mejorar sus operaciones y reducir los riesgos asociados con sus procesos. En la actualidad, existen varias metodologías que se utilizan para identificar y analizar riesgos, entre las cuales destacan Lean Six Sigma.

Lean Six Sigma es una metodología que se utiliza para mejorar la calidad de los procesos empresariales. Se basa en la idea de que todas las empresas tienen procesos que contienen errores y que, por lo tanto, se pueden mejorar para reducir costos, aumentar la satisfacción del cliente y mejorar la calidad de los productos y servicios. En este capítulo, exploraremos cómo Lean Six Sigma se puede utilizar para identificar y analizar riesgos en los procesos empresariales.

Identificación de riesgos

La identificación de riesgos es el primer paso en el proceso de análisis de riesgos. El objetivo de la identificación de riesgos es identificar todos los riesgos potenciales asociados con un proceso específico. En este sentido, Lean Six Sigma se puede utilizar para identificar los riesgos en los procesos empresariales.

Para identificar los riesgos en los procesos empresariales, es necesario utilizar herramientas específicas de Lean Six Sigma, como el mapa de procesos, el análisis de Pareto y el análisis de causa y efecto. El mapa de procesos se utiliza para visualizar el proceso empresarial completo, incluyendo los inputs, los outputs y los subprocesos. El análisis de Pareto se utiliza para identificar los problemas más comunes en un proceso empresarial, y el análisis de causa y efecto se utiliza para identificar las causas raíz de los problemas.

Una vez que se han identificado los riesgos en el proceso empresarial, se debe crear una lista de los riesgos identificados. Esta lista debe incluir una descripción detallada del riesgo, así como el impacto potencial del riesgo en el proceso empresarial. Además, se deben clasificar los riesgos según su probabilidad de ocurrencia y su impacto potencial.

Análisis de riesgos

Una vez que se han identificado los riesgos en el proceso empresarial, es necesario realizar un análisis de riesgos para determinar la probabilidad de ocurrencia de cada riesgo y su impacto potencial en el proceso empresarial. El análisis de riesgos se realiza utilizando herramientas específicas de Lean Six Sigma, como el análisis de FMEA (Análisis de Modo y Efecto de Fallas) y la matriz de riesgos.

El análisis de FMEA es una herramienta que se utiliza para identificar y evaluar los efectos potenciales de las fallas en un proceso empresarial. Esta herramienta se utiliza para evaluar la probabilidad de que ocurra una falla, el impacto potencial de la falla en el proceso empresarial y la probabilidad de que la falla se detecte antes de que cause un impacto significativo en el proceso empresarial. La matriz de riesgos se utiliza para evaluar la probabilidad de que ocurra un riesgo y su impacto potencial en el proceso empresarial.

Una vez que se han realizado el análisis de FMEA y la matriz de riesgos, se deben priorizar los riesgos identificados en función de su probabilidad de ocurrencia y su impacto potencial. Los riesgos más críticos deben ser abordados primero para minimizar el impacto potencial en el proceso empresarial.

Gestión de riesgos

Una vez que se han identificado y analizado los riesgos en el proceso empresarial, es necesario implementar medidas para mitigar los riesgos identificados. En este sentido, Lean Six Sigma se puede utilizar para implementar medidas específicas para mitigar los riesgos identificados.

Para mitigar los riesgos identificados, es necesario desarrollar un plan de gestión de riesgos que incluya medidas específicas para mitigar los riesgos. Este plan debe incluir medidas preventivas, medidas de mitigación y medidas de contingencia.

Las medidas preventivas se utilizan para prevenir la ocurrencia de los riesgos identificados. Estas medidas se implementan antes de que el riesgo ocurra y pueden incluir la capacitación del personal, el mejoramiento de los procesos y la implementación de controles adicionales.

Las medidas de mitigación se utilizan para reducir el impacto potencial de los riesgos identificados. Estas medidas se implementan después de que el riesgo ha ocurrido y pueden incluir la implementación de planes de contingencia y la implementación de soluciones alternativas.

Las medidas de contingencia se utilizan para manejar los riesgos identificados en caso de que ocurran. Estas medidas se implementan después de que el riesgo ha ocurrido y pueden incluir la implementación de planes de emergencia y la asignación de responsabilidades específicas.

Monitoreo y control

Una vez que se han implementado las medidas de gestión de riesgos, es necesario monitorear y controlar los riesgos identificados para asegurarse de que las medidas implementadas sean efectivas. En este sentido, Lean Six Sigma se puede utilizar para monitorear y controlar los riesgos identificados.

Para monitorear y controlar los riesgos identificados, es necesario implementar medidas específicas de monitoreo y control. Estas medidas pueden incluir la revisión periódica de los riesgos identificados, la medición del impacto potencial de los riesgos y la implementación de medidas adicionales si se identifican nuevos riesgos.

Además, es necesario establecer un proceso de retroalimentación para asegurarse de que los riesgos identificados se manejen de manera efectiva. Este proceso de retroalimentación debe incluir la revisión periódica de los riesgos identificados, la identificación de nuevas medidas de mitigación si es necesario y la implementación de medidas de mejora continua.

Conclusión

En conclusión, Lean Six Sigma es una metodología efectiva para identificar, analizar y gestionar riesgos en los procesos empresariales. La identificación de riesgos es el primer paso en el proceso de análisis de riesgos y se utiliza para identificar todos los riesgos potenciales asociados con un proceso específico. Una vez que se han identificado los riesgos en el proceso empresarial, es necesario realizar un análisis de riesgos para determinar la probabilidad de ocurrencia de cada riesgo y su impacto potencial en el proceso empresarial.

Una vez que se han identificado y analizado los riesgos en el proceso empresarial, es necesario implementar medidas para mitigar los riesgos identificados. Estas medidas incluyen medidas preventivas, medidas de mitigación y medidas de contingencia. Es necesario monitorear y controlar los riesgos identificados para asegurarse de que las medidas implementadas sean efectivas y establecer un proceso de retroalimentación para asegurarse de que los riesgos identificados se manejen de manera efectiva.

ANÁLISIS DE LA CADENA DE VALOR Y REDUCCIÓN DE TIEMPOS DE ENTREGA

En el mundo empresarial, la eficiencia en la gestión de los procesos productivos es un factor clave para mantenerse competitivo en el mercado. Uno de los métodos más populares para mejorar la eficiencia es Lean Six Sigma, que combina los principios de Lean Manufacturing y Six Sigma para eliminar los desperdicios y reducir la variabilidad en los procesos. Además, una herramienta importante para mejorar la eficiencia es el análisis de la cadena de valor, que permite identificar los procesos clave en la producción y los puntos en los que se pueden reducir los tiempos de entrega.

En este capítulo se analizará la aplicación de Lean Six Sigma en la reducción de tiempos de entrega mediante el análisis de la cadena de valor. Se explicará en qué consiste la metodología Lean Six Sigma, cómo se puede aplicar el análisis de la cadena de valor para identificar los procesos críticos y cuáles son las herramientas de Lean Six Sigma que se pueden utilizar para mejorar la eficiencia de los procesos.

Metodología Lean Six Sigma

Lean Six Sigma es una metodología de mejora de procesos que combina los principios de Lean Manufacturing y Six Sigma. Lean Manufacturing se enfoca en la eliminación de los desperdicios en los procesos, mientras que Six Sigma se enfoca en la reducción de la variabilidad en los procesos. Al combinar estas dos metodologías, Lean Six Sigma busca eliminar los desperdicios y reducir la variabilidad en los procesos para mejorar la eficiencia y la calidad del producto.

La metodología Lean Six Sigma se compone de cinco fases:

Definición del problema: En esta fase se define el problema que se quiere resolver y se establecen los objetivos del proyecto.

Medición: En esta fase se recolectan datos para evaluar el desempeño actual del proceso.

Análisis: En esta fase se analizan los datos recolectados para identificar los puntos débiles del proceso y las causas de los problemas identificados en la fase anterior.

Mejora: En esta fase se implementan mejoras en el proceso para reducir los desperdicios y la variabilidad.

Control: En esta fase se establecen controles para asegurar que las mejoras implementadas se mantengan a largo plazo.

Análisis de la cadena de valor

El análisis de la cadena de valor es una herramienta que permite identificar los procesos clave en la producción y los puntos en los que se pueden reducir los tiempos de entrega. La cadena de valor se compone de todos los procesos necesarios para producir un producto, desde la adquisición de materias primas hasta la entrega del producto final al cliente.

El análisis de la cadena de valor se puede dividir en dos fases:

Identificación de los procesos clave: En esta fase se identifican los procesos que son críticos para la producción y los que tienen un mayor impacto en los tiempos de entrega.

Identificación de las oportunidades de mejora: En esta fase se identifican los puntos en los que se pueden reducir los tiempos de entrega mediante la eliminación de desperdicios y la reducción de la variabilidad.

Herramientas de Lean Six Sigma para mejorar la eficiencia

Existen varias herramientas de Lean Six Sigma que se pueden utilizar para mejorar la eficiencia de los procesos. Algunas de las herramientas más comunes son:

Mapa de procesos (Value Stream Mapping): El mapa de procesos es una herramienta que permite visualizar todos los procesos involucrados en la producción de un producto y los flujos de información y materiales entre ellos. Esta herramienta es útil para identificar los procesos que son críticos para la producción y los puntos en los que se pueden reducir los tiempos de entrega.

Kanban: Kanban es un sistema de control de inventario que se utiliza para reducir los inventarios y los tiempos de entrega. Este sistema se basa en el uso de tarjetas kanban que indican cuándo se debe producir un producto o cuándo se debe reabastecer un inventario.

Poka-Yoke: Poka-Yoke es una técnica que se utiliza para prevenir errores y reducir la variabilidad en los procesos. Esta técnica se basa en la incorporación de dispositivos o mecanismos que impiden que se produzcan errores en los procesos.

Análisis de causa raíz (Root Cause Analysis): El análisis de causa raíz es una técnica que se utiliza para identificar las causas fundamentales de un problema en los procesos. Esta técnica se basa en la identificación de las causas más profundas de un problema, en lugar de las causas superficiales.

5S: 5S es una técnica que se utiliza para mejorar la organización y la limpieza en los procesos. Esta técnica se basa en la implementación de cinco pasos: Clasificación, Orden, Limpieza, Estandarización y Disciplina.

Ejemplo de aplicación de Lean Six Sigma en la reducción de tiempos de entrega

Para ilustrar la aplicación de Lean Six Sigma en la reducción de tiempos de entrega, se presentará un ejemplo hipotético en el que se desea reducir los tiempos de entrega en la producción de piezas de automóviles.

Definición del problema: El problema a resolver es el largo tiempo de entrega de las piezas de automóviles.

Medición: Se recolectan datos sobre los tiempos de entrega actuales y se identifican los procesos que tienen un mayor impacto en los tiempos de entrega.

Análisis: Se utiliza el mapa de procesos para identificar los procesos críticos y se realiza un análisis de causa raíz para identificar las causas de los problemas identificados en los procesos críticos.

Mejora: Se implementan mejoras en los procesos críticos identificados en la fase de análisis, como la implementación de dispositivos Poka-Yoke para reducir la variabilidad en los procesos y la implementación del sistema Kanban para reducir los inventarios y los tiempos de entrega.

Control: Se establecen controles para asegurar que las mejoras implementadas se mantengan a largo plazo, como la implementación de la técnica 5S para mantener la organización y la limpieza en los procesos.

Conclusión

El análisis de la cadena de valor y la metodología Lean Six Sigma son herramientas poderosas para mejorar la eficiencia en los procesos productivos y reducir los tiempos de entrega. La combinación de estas herramientas permite identificar los procesos críticos en la producción y los puntos en los que se pueden reducir los tiempos de entrega mediante la eliminación de desperdicios y la mejora de la calidad de los productos.

La aplicación de estas herramientas puede generar importantes beneficios para las empresas, como la reducción de costos y tiempos de entrega, la mejora de la calidad de los productos, la reducción de errores y la mejora en la satisfacción de los clientes.

Sin embargo, la implementación de estas herramientas requiere de un compromiso a largo plazo por parte de la empresa y la capacitación de los empleados en su aplicación. Además, es importante que se realice un seguimiento y monitoreo continuo de los procesos para asegurar que las mejoras se mantengan en el tiempo.

En resumen, la combinación de la metodología Lean Six Sigma y el análisis de la cadena de valor puede ser una herramienta poderosa para la mejora de los procesos productivos y la reducción de los tiempos de entrega. La aplicación de estas herramientas puede generar importantes beneficios para las empresas, pero requiere de un compromiso a largo plazo y la capacitación de los empleados en su aplicación.

IMPLEMENTACIÓN DE SISTEMAS DE GESTIÓN DE CALIDAD

La gestión de calidad es una herramienta esencial para cualquier organización que busque mejorar la eficiencia y la eficacia de sus procesos. En este contexto, Lean Six Sigma se ha convertido en una metodología popular para implementar sistemas de gestión de calidad en organizaciones de todo tipo. Este capítulo proporcionará una visión general de la metodología Lean Six Sigma y su aplicación en la implementación de sistemas de gestión de calidad.

¿Qué es Lean Six Sigma?

Lean Six Sigma es una metodología de mejora de procesos que combina dos enfoques populares: Lean y Six Sigma. Lean se enfoca en la eliminación de desperdicios y la mejora continua, mientras que Six Sigma se enfoca en la reducción de la variabilidad y la mejora de la calidad. La combinación de estos enfoques permite a las organizaciones maximizar la eficiencia y la eficacia de sus procesos.

Los principios de Lean Six Sigma

La metodología Lean Six Sigma se basa en una serie de principios clave que guían su aplicación. Estos principios incluyen:

Enfoque en el cliente

El enfoque en el cliente es fundamental para Lean Six Sigma. Esto significa entender las necesidades del cliente y diseñar procesos que satisfagan esas necesidades.

Mejora continua

La mejora continua es un principio clave de Lean Six Sigma. Esto significa que la organización se esfuerza constantemente por mejorar sus procesos y reducir los desperdicios.

Reducción de variabilidad

Six Sigma se enfoca en la reducción de la variabilidad en los procesos. Esto significa que la organización busca minimizar las desviaciones de los procesos estándar para mejorar la calidad y la consistencia.

Procesos centrados en el valor

La metodología Lean Six Sigma se enfoca en los procesos que generan valor para el cliente. Esto significa identificar y mejorar los procesos críticos que tienen un impacto directo en la satisfacción del cliente.

Uso de datos y hechos

Lean Six Sigma se basa en datos y hechos para tomar decisiones informadas. Esto significa recopilar y analizar datos para identificar las causas raíz de los problemas y tomar medidas para resolverlos.

Enfoque en el trabajo en equipo

El trabajo en equipo es fundamental para la implementación de Lean Six Sigma. Esto significa involucrar a todos los miembros de la organización en el proceso de mejora continua y fomentar la colaboración y la comunicación entre ellos.

Beneficios de Lean Six Sigma

La metodología Lean Six Sigma ofrece una serie de beneficios para las organizaciones que la implementan. Algunos de estos beneficios incluyen:

Mejora de la eficiencia

Lean Six Sigma permite a las organizaciones mejorar la eficiencia de sus procesos al eliminar los desperdicios y reducir la variabilidad.

Mejora de la calidad

Six Sigma se enfoca en la mejora de la calidad de los procesos. Esto significa reducir los defectos y mejorar la consistencia de los productos y servicios.

Aumento de la satisfacción del cliente

La implementación de Lean Six Sigma permite a las organizaciones mejorar la calidad de sus productos y servicios, lo que a su vez puede aumentar la satisfacción del cliente. Al satisfacer las necesidades del cliente de manera efectiva, la organización puede mantener la lealtad y el compromiso del cliente.

Reducción de costos

La eliminación de desperdicios y la mejora de la eficiencia pueden ayudar a reducir los costos de la organización. Esto puede conducir a un aumento en la rentabilidad y la competitividad.

Fortalecimiento de la cultura organizacional

La implementación de Lean Six Sigma puede ayudar a fortalecer la cultura organizacional al fomentar la colaboración, el trabajo en equipo y la mejora continua en todos los niveles de la organización.

Implementación de sistemas de gestión de calidad con Lean Six Sigma

La implementación de sistemas de gestión de calidad con Lean Six Sigma se centra en la mejora de los procesos y la eliminación de los desperdicios para mejorar la calidad y la eficiencia. Al combinar la metodología Lean Six Sigma con los principios de la gestión de calidad, las organizaciones pueden mejorar significativamente sus procesos y ofrecer productos y servicios de alta calidad.

Planificación

El primer paso en la implementación de un sistema de gestión de calidad con Lean Six Sigma es la planificación. Esto implica definir los objetivos del proyecto y establecer un plan detallado para su implementación. Durante esta fase, también se identifican los recursos necesarios y se establecen los indicadores clave de rendimiento (KPI) para medir el éxito del proyecto.

Análisis

En la fase de análisis, se recopilan y analizan los datos para identificar los problemas y las oportunidades de mejora. Esto implica utilizar herramientas y técnicas de Lean Six Sigma para recopilar y analizar datos y determinar las causas raíz de los problemas. Algunas herramientas comunes utilizadas en esta fase incluyen el mapa del flujo de valor, el análisis de pareto y la herramienta de diagrama de Ishikawa.

Diseño

En la fase de diseño, se desarrollan soluciones para abordar los problemas identificados en la fase de análisis. Esto implica diseñar nuevos procesos y procedimientos que reduzcan los desperdicios y mejoren la calidad. Durante esta fase, también se realizan pruebas y simulaciones para garantizar que las soluciones propuestas sean efectivas y eficientes.

Implementación

En la fase de implementación, se implementan las soluciones desarrolladas en la fase de diseño. Esto implica la capacitación del personal y la implementación de nuevos procesos y procedimientos. Durante esta fase, también se establecen los controles necesarios para garantizar la consistencia y la calidad de los procesos.

Control

En la fase de control, se monitorean y miden los procesos para garantizar que se mantengan los niveles de calidad y eficiencia establecidos en la fase de diseño. Esto implica la implementación de sistemas de monitoreo y retroalimentación para detectar problemas y oportunidades de mejora. También se establecen planes de acción para abordar cualquier problema que surja durante esta fase.

Desafíos en la implementación de sistemas de gestión de calidad con Lean Six Sigma

Aunque la implementación de sistemas de gestión de calidad con Lean Six Sigma puede ofrecer muchos beneficios, también hay desafíos que pueden surgir durante el proceso de implementación. A continuación, se describen algunos de los desafíos comunes en la implementación de sistemas de gestión de calidad con Lean Six Sigma.

Resistencia al cambio

La resistencia al cambio es un desafío común en la implementación de sistemas de gestión de calidad con Lean Six Sigma. Los empleados pueden ser reacios a cambiar la forma en que se realizan las tareas y a adoptar nuevos procesos y procedimientos. Para superar este desafío, es importante comunicar claramente los beneficios del sistema de gestión de calidad y proporcionar capacitación y apoyo a los empleados durante todo el proceso de implementación.

Falta de liderazgo y compromiso

La falta de liderazgo y compromiso es otro desafío común en la implementación de sistemas de gestión de calidad con Lean Six Sigma. Si los líderes de la organización no están comprometidos con el proceso de implementación, es probable que los empleados también lo sean. Para superar este desafío, es importante que los líderes de la organización apoyen y promuevan activamente el sistema de gestión de calidad.

Falta de recursos

La implementación de un sistema de gestión de calidad con Lean Six Sigma puede requerir recursos significativos, como tiempo, dinero y personal capacitado. Si la organización no tiene suficientes recursos para implementar el sistema de gestión de calidad de manera efectiva, es posible que el proceso no tenga éxito. Para superar este desafío, es importante asignar los recursos adecuados y garantizar que se utilicen de manera efectiva.

Falta de alineación con la estrategia de la organización

Si el sistema de gestión de calidad no está alineado con la estrategia general de la organización, es posible que no se logren los resultados deseados. Es importante que la implementación del sistema de gestión de calidad esté alineada con la estrategia general de la organización y que se establezcan objetivos claros para medir el éxito del sistema.

Conclusiones

La implementación de sistemas de gestión de calidad con Lean Six Sigma puede ayudar a las organizaciones a mejorar la calidad y la eficiencia de sus procesos, lo que a su vez puede conducir a una mayor satisfacción del cliente, una mayor rentabilidad y una cultura organizacional más sólida. Sin embargo, la implementación de sistemas de gestión de calidad con Lean Six Sigma también puede presentar desafíos, como la resistencia al cambio, la falta de liderazgo y compromiso, la falta de recursos y la falta de alineación con la estrategia de la organización.

Para superar estos desafíos, es importante planificar cuidadosamente la implementación del sistema de gestión de calidad, comunicar claramente los beneficios del sistema a los empleados, asignar los recursos adecuados y garantizar que el sistema esté alineado con la estrategia general de la organización. Con el enfoque adecuado, la implementación de sistemas de gestión de calidad con Lean Six Sigma puede ser un proceso efectivo y beneficioso para la organización.

INTEGRACIÓN DE LEAN SIX SIGMA CON OTRAS METODOLOGÍAS DE MEJORA DE PROCESOS

En este capítulo, exploraremos cómo integrar Lean Six Sigma con otras metodologías de mejora de procesos como Total Quality Management (TQM), Business Process Reengineering (BPR), Kaizen, y Agile. Analizaremos los conceptos clave de cada metodología y cómo se pueden integrar para lograr resultados de mejora efectivos.

Total Quality Management (TQM)

Total Quality Management (TQM) es una metodología que se centra en la mejora continua de la calidad a través de la satisfacción del cliente, la eliminación de desperdicios y la mejora de los procesos empresariales. TQM se basa en el principio de que la calidad es una responsabilidad de todos en la organización y que se debe buscar continuamente la mejora en todos los aspectos del proceso empresarial.

Para integrar Lean Six Sigma con TQM, es importante entender cómo se superponen las metodologías y cómo pueden complementarse entre sí. Ambas metodologías se centran en la mejora continua de los procesos y la eliminación de desperdicios. Sin embargo, Lean Six Sigma se enfoca más en la reducción de variabilidad y la mejora de la eficiencia, mientras que TQM se enfoca en la satisfacción del cliente y la mejora de la calidad.

Una forma de integrar Lean Six Sigma con TQM es usar las herramientas Lean Six

Sigma para identificar las áreas de mejora en el proceso y luego utilizar los principios de TQM para implementar los cambios necesarios para mejorar la calidad y satisfacción del cliente. Además, la metodología de TQM puede ayudar a garantizar que los cambios implementados sean sostenibles a largo plazo al involucrar a todos en la organización en el proceso de mejora continua.

Business Process Reengineering (BPR)

Business Process Reengineering (BPR) es una metodología que se centra en la reestructuración radical de los procesos empresariales para lograr mejoras significativas en la eficiencia y la calidad. BPR se enfoca en la eliminación de actividades que no agregan valor, la simplificación de los procesos y la eliminación de barreras organizacionales.

Para integrar Lean Six Sigma con BPR, es importante entender cómo se superponen las metodologías y cómo pueden complementarse entre sí. Ambas metodologías se enfocan en la mejora de la eficiencia y la eliminación de desperdicios. Sin embargo, BPR se enfoca en la reestructuración radical de los procesos empresariales, mientras que Lean Six Sigma se enfoca en la reducción de la variabilidad y la mejora de la eficiencia.

Una forma de integrar Lean Six Sigma con BPR es utilizar las herramientas Lean Six Sigma para identificar los procesos que necesitan reestructuración radical y luego aplicar los principios de BPR para realizar cambios significativos en el proceso. Además, la metodología de Lean Six Sigma puede ayudar a garantizar que los cambios implementados sean efectivos y sostenibles a largo plazo al monitorear y medir continuamente el rendimiento del proceso.

Kaizen

Kaizen es una metodología japonesa de mejora continua que se centra en la mejora gradual y constante de los procesos empresariales a través de la participación de todos los miembros de la organización. Kaizen se basa en el principio de que las pequeñas mejoras continuas en el proceso pueden sumar grandes mejoras en el resultado final.

Para integrar Lean Six Sigma con Kaizen, es importante entender cómo se superponen las metodologías y cómo pueden complementarse entre sí. Ambas metodologías se enfocan en la mejora continua y la eliminación de desperdicios. Sin embargo, Kaizen se enfoca en la mejora gradual y constante, mientras que

Lean Six Sigma se enfoca en la reducción de la variabilidad y la mejora de la eficiencia.

Una forma de integrar Lean Six Sigma con Kaizen es utilizar las herramientas Lean Six Sigma para identificar las áreas de mejora en el proceso y luego aplicar los principios de Kaizen para realizar mejoras graduales y constantes en el proceso. Además, la metodología de Kaizen puede ayudar a garantizar que todos los miembros de la organización estén involucrados en el proceso de mejora continua y que se realicen mejoras en todos los aspectos del proceso empresarial.

Agile

Agile es una metodología de gestión de proyectos que se centra en la entrega rápida y continua de valor al cliente a través de la colaboración y la adaptación constante. Agile se basa en el principio de que los requisitos y objetivos del proyecto pueden cambiar a lo largo del tiempo y, por lo tanto, se deben adaptar continuamente para satisfacer las necesidades del cliente.

Para integrar Lean Six Sigma con Agile, es importante entender cómo se superponen las metodologías y cómo pueden complementarse entre sí. Ambas metodologías se enfocan en la mejora continua y la eliminación de desperdicios. Sin embargo, Agile se enfoca en la entrega rápida y continua de valor al cliente, mientras que Lean Six Sigma se enfoca en la reducción de la variabilidad y la mejora de la eficiencia.

Una forma de integrar Lean Six Sigma con Agile es utilizar las herramientas Lean Six Sigma para identificar las áreas de mejora en el proceso y luego aplicar los principios de Agile para adaptar y mejorar continuamente el proceso para satisfacer las necesidades del cliente. Además, la metodología de Agile puede ayudar a garantizar que el enfoque de mejora se mantenga en línea con las necesidades cambiantes del cliente y que se entregue valor de manera rápida y efectiva.

Conclusión

La integración de Lean Six Sigma con otras metodologías de mejora de procesos puede ayudar a lograr un enfoque holístico en la mejora del proceso empresarial. Al utilizar las herramientas y principios de múltiples metodologías, es posible lograr mejoras significativas en la eficiencia, la calidad y la satisfacción del cliente. Es importante entender cómo se superponen y complementan las metodologías y cómo se pueden aplicar en conjunto para lograr los mejores resultados. Al integrar Lean Six Sigma con TQM, BPR, Kaizen y Agile, es posible lograr una mejora continua y sostenible en el proceso empresarial.

Es importante recordar que la integración de estas metodologías no es un enfoque único para todas las situaciones. La selección de la metodología adecuada para una situación específica debe basarse en una comprensión profunda de los procesos empresariales, los desafíos y las necesidades del cliente. Es esencial involucrar a todos los miembros de la organización en el proceso de mejora continua y establecer un enfoque colaborativo para lograr los mejores resultados.

En resumen, la integración de Lean Six Sigma con otras metodologías de mejora de procesos puede proporcionar un enfoque holístico y efectivo para la mejora continua del proceso empresarial. La selección de la metodología adecuada debe basarse en una comprensión profunda de los procesos empresariales y las necesidades del cliente. Al involucrar a todos los miembros de la organización y establecer un enfoque colaborativo, es posible lograr mejoras significativas y sostenibles en la eficiencia, la calidad y la satisfacción del cliente.

RESOLUCIÓN DE PROBLEMAS COMPLEJOS UTILIZANDO LEAN SIX SIGMA

Lean Six Sigma es una metodología que ha evolucionado a lo largo de los años a partir de dos enfoques diferentes: Lean Manufacturing y Six Sigma. El enfoque de Lean Manufacturing se originó en Japón en la década de 1950 y se centró en la eliminación de desperdicios y la mejora continua. Por otro lado, Six Sigma se originó en Motorola en la década de 1980 y se centró en la mejora de la calidad mediante la reducción de la variación. La combinación de estos dos enfoques dio lugar a la metodología de Lean Six Sigma, que se ha utilizado en una amplia variedad de industrias, incluyendo la manufactura, la atención médica y los servicios financieros.

Principios básicos de Lean Six Sigma

Los principios básicos de Lean Six Sigma se basan en la mejora continua y la eliminación de desperdicios. Estos principios se aplican a través de cinco fases: Definir, Medir, Analizar, Mejorar y Controlar (DMAIC).

Definir

La primera fase de DMAIC consiste en definir el problema que se va a resolver y establecer los objetivos del proyecto. En esta fase, es importante identificar las partes interesadas y establecer una comprensión común del problema y de los objetivos del proyecto.

Medir

La segunda fase de DMAIC consiste en medir el proceso actual y recopilar datos relevantes. En esta fase, se pueden utilizar herramientas como los mapas de procesos y los gráficos de control para analizar los datos y establecer una línea base para el proyecto.

Analizar

La tercera fase de DMAIC consiste en analizar los datos recopilados y determinar las causas fundamentales del problema. En esta fase, se utilizan herramientas como el análisis de Pareto y el análisis de causa y efecto para identificar las causas fundamentales del problema.

Mejorar

La cuarta fase de DMAIC consiste en mejorar el proceso mediante la implementación de soluciones y la realización de pruebas piloto. En esta fase, es importante asegurarse de que las soluciones implementadas sean sostenibles a largo plazo y que no creen nuevos problemas.

Controlar

La quinta fase de DMAIC consiste en controlar el proceso mejorado y monitorear su desempeño a lo largo del tiempo. En esta fase, se utilizan herramientas como los gráficos de control y los planes de control para mantener el proceso en su nueva y mejorada condición.

Enfoque de Lean Six Sigma en la resolución de problemas complejos

La metodología de Lean Six Sigma se enfoca en la resolución de problemas complejos a través de la mejora continua. La metodología se centra en la identificación y eliminación de desperdicios en los procesos, lo que lleva a una mejora en la calidad, eficiencia y rentabilidad del negocio. La mejora continua es un proceso iterativo que implica la identificación de problemas y la implementación de soluciones para resolverlos.

La mejora continua se logra mediante la implementación de la metodología DMAIC de Lean Six Sigma. Esta metodología proporciona un marco estructurado para la resolución de problemas, lo que permite una mejor comprensión del problema y una implementación más efectiva de soluciones. Además, la metodología fomenta la colaboración entre las partes interesadas y la recopilación de datos relevantes para tomar decisiones informadas.

La metodología de Lean Six Sigma también se enfoca en la eliminación de desperdicios en los procesos. Los desperdicios son actividades que no agregan valor al proceso y que consumen recursos innecesarios. Al eliminar estos desperdicios, se mejora la eficiencia del proceso y se reduce el tiempo de ciclo, lo que a su vez aumenta la satisfacción del cliente y reduce los costos de producción.

Además, la metodología de Lean Six Sigma enfatiza la importancia de la mejora continua a lo largo del tiempo. La implementación de soluciones no es suficiente para resolver un problema de forma permanente. Es importante monitorear el desempeño del proceso y hacer ajustes según sea necesario para mantener la mejora continua.

En resumen, el enfoque de Lean Six Sigma en la resolución de problemas complejos se centra en la mejora continua y la eliminación de desperdicios. La metodología DMAIC proporciona un marco estructurado para la resolución de problemas, mientras que la eliminación de desperdicios mejora la eficiencia y la rentabilidad del proceso. La mejora continua a lo largo del tiempo es clave para mantener los beneficios de la implementación de soluciones y garantizar la satisfacción del cliente.

Aplicación de Lean Six Sigma en la práctica

En este capítulo, se explorará cómo se aplica Lean Six Sigma en la práctica para resolver problemas complejos en diferentes industrias. Se presentarán casos de estudio para ilustrar cómo la metodología de Lean Six Sigma se puede utilizar para resolver problemas complejos y mejorar la eficiencia y la calidad de los procesos.

Aplicación de Lean Six Sigma en la industria manufacturera

En la industria manufacturera, Lean Six Sigma se utiliza para mejorar la eficiencia de los procesos y reducir los costos de producción. Un ejemplo de esto es la implementación de Lean Six Sigma en una empresa de fabricación de componentes electrónicos. La empresa enfrentaba problemas de calidad y rechazo de productos, lo que resultaba en un aumento de los costos de producción.

Para abordar este problema, se utilizó la metodología DMAIC de Lean Six Sigma para identificar las causas fundamentales del problema y desarrollar soluciones efectivas. Se realizaron pruebas piloto para validar las soluciones antes de su implementación, lo que aseguró que las soluciones fueran efectivas a largo plazo.

La implementación de Lean Six Sigma en esta empresa resultó en una reducción del rechazo de productos en un 40% y una mejora significativa en la calidad del producto. Además, la eficiencia del proceso mejoró, lo que resultó en una reducción de los costos de producción.

Aplicación de Lean Six Sigma en la industria de servicios

En la industria de servicios, Lean Six Sigma se utiliza para mejorar la calidad del servicio y reducir los tiempos de espera. Un ejemplo de esto es la implementación de Lean Six Sigma en un hospital para mejorar la eficiencia en la atención al paciente.

El hospital enfrentaba problemas con el tiempo de espera para la atención al paciente y la falta de coordinación entre los departamentos. Se utilizó la metodología DMAIC de Lean Six Sigma para identificar las causas fundamentales del problema y desarrollar soluciones efectivas. Se implementaron cambios en la programación de las citas y en la asignación de tareas para mejorar la coordinación entre los departamentos.

La implementación de Lean Six Sigma en este hospital resultó en una reducción significativa del tiempo de espera para la atención al paciente y una mejora en la coordinación entre los departamentos. Además, la satisfacción del paciente mejoró, lo que resultó en una mejora de la reputación del hospital.

Aplicación de Lean Six Sigma en la industria de tecnología

En la industria de tecnología, Lean Six Sigma se utiliza para mejorar la eficiencia en el desarrollo de productos y reducir los tiempos de entrega. Un ejemplo de esto es la implementación de Lean Six Sigma en una empresa de software para mejorar el proceso de desarrollo de software.

La empresa enfrentaba problemas con el tiempo de entrega del software y la falta de calidad en el producto final. Se utilizó la metodología DMAIC de Lean Six Sigma para identificar las causas fundamentales del problema y desarrollar soluciones efectivas. Se implementaron cambios en el proceso de desarrollo de software para mejorar la calidad del producto y reducir los tiempos de entrega.

La implementación de Lean Six Sigma en esta empresa resultó en una mejora significativa en la calidad del producto y una reducción en los tiempos de entrega del software. Además, la eficiencia del proceso mejoró, lo que resultó en una reducción de los costos de producción.

Aplicación de Lean Six Sigma en la industria de la construcción

En la industria de la construcción, Lean Six Sigma se utiliza para mejorar la eficiencia del proceso de construcción y reducir los tiempos de construcción. Un ejemplo de esto es la implementación de Lean Six Sigma en un proyecto de construcción de un edificio de oficinas.

El proyecto enfrentaba problemas con el tiempo de construcción y la falta de coordinación entre los equipos de construcción. Se utilizó la metodología DMAIC de Lean Six Sigma para identificar las causas fundamentales del problema y desarrollar soluciones efectivas. Se implementaron cambios en la programación de la construcción y en la coordinación entre los equipos para mejorar la eficiencia del proceso.

La implementación de Lean Six Sigma en este proyecto resultó en una reducción significativa en los tiempos de construcción del edificio y una mejora en la coordinación entre los equipos de construcción. Además, la calidad del edificio final mejoró, lo que resultó en una mejora en la satisfacción del cliente.

En resumen, la aplicación de Lean Six Sigma en diferentes industrias demuestra su eficacia en la resolución de problemas complejos y la mejora de la eficiencia y la calidad de los procesos. La metodología DMAIC proporciona un marco estructurado para la identificación de problemas y la implementación de soluciones efectivas. La mejora continua es clave para mantener los beneficios de la implementación de soluciones y garantizar la satisfacción del cliente.

GESTIÓN DE PROYECTOS LEAN SIX SIGMA

La gestión de proyectos Lean Six Sigma se puede aplicar a cualquier tipo de proyecto, desde la fabricación hasta la atención al cliente, y puede ser utilizada por cualquier organización que busque mejorar su eficiencia y efectividad. En este capítulo, se describirá la metodología de gestión de proyectos Lean Six Sigma, sus herramientas y técnicas, y cómo se puede aplicar en diferentes contextos.

Lean Six Sigma: una breve introducción Lean Six Sigma combina dos enfoques: Lean y Six Sigma. Lean se centra en la eliminación de procesos innecesarios y en la reducción del tiempo de entrega, mientras que Six Sigma se centra en la mejora de la calidad de los productos y servicios. La combinación de ambos enfoques permite a las organizaciones mejorar la calidad de sus productos y servicios al mismo tiempo que reducen los costos y aumentan la eficiencia.

La metodología Lean Six Sigma se divide en cinco fases: Definir, Medir, Analizar, Mejorar y Controlar (DMAIC, por sus siglas en inglés). Cada fase tiene una serie de actividades y herramientas asociadas que se utilizan para identificar los problemas, medir el rendimiento actual, analizar los datos, identificar oportunidades de mejora, implementar soluciones y controlar el rendimiento a largo plazo.

La fase de Definir se centra en definir el problema y establecer el alcance del proyecto. En esta fase se establecen los objetivos del proyecto, se identifica el equipo de proyecto y se establece un plan de proyecto.

La fase de Medir se centra en medir el rendimiento actual y establecer una línea base. En esta fase se identifican los datos necesarios para medir el rendimiento actual y se recopilan y analizan estos datos.

La fase de Analizar se centra en analizar los datos recopilados en la fase anterior. En esta fase se identifican las causas raíz de los problemas identificados y se identifican oportunidades de mejora.

La fase de Mejorar se centra en implementar soluciones para mejorar el rendimiento. En esta fase se desarrollan soluciones potenciales y se selecciona la solución más adecuada. Luego se implementa la solución y se realiza un seguimiento del rendimiento.

La fase de Controlar se centra en controlar el rendimiento a largo plazo. En esta fase se establecen controles para garantizar que la solución implementada siga siendo efectiva y se siguen recopilando y analizando los datos.

Herramientas y técnicas de la metodología Lean Six Sigma La metodología Lean Six Sigma utiliza una serie de herramientas y técnicas para ayudar en cada fase del proyecto. Algunas de las herramientas más comunes incluyen:

Análisis de Pareto: esta herramienta se utiliza para identificar los problemas más importantes. El análisis de Pareto se basa en el principio de que el 80% de los problemas se deben al 20% de las causas.

Diagrama de Ishikawa: también conocido como diagrama de espina de pescado o diagrama de causa y efecto, esta herramienta se utiliza para identificar las causas raíz de un problema. El diagrama se divide en categorías y se utilizan flechas para mostrar la relación entre las causas y el problema.

Mapa de flujo de valor: esta herramienta se utiliza para visualizar el flujo del proceso y identificar los puntos de mejora. El mapa de flujo de valor muestra todos los pasos necesarios para entregar un producto o servicio, desde la materia prima hasta el cliente final.

Gráfico de control: esta herramienta se utiliza para monitorear el rendimiento del proceso a lo largo del tiempo. El gráfico de control muestra los límites superior e inferior de control y los datos del proceso se grafican en el tiempo.

Análisis de capacidad del proceso: esta herramienta se utiliza para medir la capacidad del proceso para producir productos o servicios dentro de las especificaciones. Se utiliza para determinar si el proceso está funcionando dentro de las especificaciones y si se requieren mejoras.

Análisis de regresión: esta herramienta se utiliza para identificar la relación entre dos variables. Se utiliza para determinar si una variable afecta el resultado de otra variable y en qué medida.

Aplicación de la metodología Lean Six Sigma en diferentes contextos

La metodología Lean Six Sigma se puede aplicar en una amplia gama de contextos, desde la fabricación hasta la atención al cliente. A continuación, se describen algunos ejemplos de cómo se puede aplicar la metodología Lean Six Sigma en diferentes contextos.

Fabricación

En el contexto de la fabricación, la metodología Lean Six Sigma se puede utilizar para mejorar la eficiencia y reducir los costos de producción. Por ejemplo, se puede utilizar la metodología para identificar los cuellos de botella en la línea de producción y mejorar la eficiencia de los procesos. También se puede utilizar para reducir el tiempo de ciclo de producción y mejorar la calidad del producto.

Servicios financieros

En el contexto de los servicios financieros, la metodología Lean Six Sigma se puede utilizar para mejorar la eficiencia de los procesos y reducir los costos. Por ejemplo, se puede utilizar para identificar los procesos innecesarios en la gestión de préstamos hipotecarios y eliminarlos para reducir los costos de procesamiento. También se puede utilizar para mejorar la calidad del servicio al cliente, reduciendo el tiempo de respuesta y aumentando la satisfacción del cliente.

Atención médica

En el contexto de la atención médica, la metodología Lean Six Sigma se puede utilizar para mejorar la calidad del cuidado del paciente y reducir los costos de atención médica. Por ejemplo, se puede utilizar para reducir el tiempo de espera en las salas de emergencia y mejorar la eficiencia de los procesos de admisión y alta hospitalaria. También se puede utilizar para mejorar la seguridad del paciente y reducir los errores médicos.

Conclusiones

La metodología de gestión de proyectos Lean Six Sigma es una poderosa herramienta para mejorar la eficiencia y la calidad en cualquier tipo de organización. Al combinar los enfoques Lean y Six Sigma, se pueden identificar y eliminar los procesos innecesarios y mejorar la calidad de los productos y servicios. La metodología se divide en cinco fases: Definir, Medir, Analizar, Mejorar y Controlar (DMAIC), y utiliza una serie de herramientas y técnicas para ayudar en cada fase del proyecto. La metodología Lean Six Sigma se puede aplicar en una amplia gama de contextos, desde la fabricación hasta la atención médica y los servicios financieros.

Una de las principales ventajas de la metodología Lean Six Sigma es que se enfoca en la mejora continua. Esto significa que los proyectos nunca se consideran "terminados", sino que se revisan y mejoran constantemente para garantizar que los procesos sigan siendo eficientes y de alta calidad. Además, al enfocarse en los datos y la medición, la metodología ayuda a las organizaciones a tomar decisiones basadas en hechos en lugar de suposiciones.

Sin embargo, la implementación exitosa de la metodología Lean Six Sigma requiere una planificación y capacitación adecuadas. Es importante que las organizaciones comprendan los principios y herramientas de la metodología, y que capaciten a su personal en su uso. También es esencial que las organizaciones asignen suficiente tiempo y recursos para el proyecto, y que cuenten con el apoyo de la alta dirección para garantizar su éxito.

En resumen, la metodología Lean Six Sigma es una herramienta poderosa para mejorar la eficiencia y la calidad en cualquier tipo de organización. Al combinar los enfoques Lean y Six Sigma, se pueden identificar y eliminar los procesos innecesarios y mejorar la calidad de los productos y servicios. La metodología se divide en cinco fases: Definir, Medir, Analizar, Mejorar y Controlar (DMAIC), y utiliza una serie de herramientas y técnicas para ayudar en cada fase del proyecto. La metodología Lean Six Sigma se puede aplicar en una amplia gama de contextos y se enfoca en la mejora continua a través de datos y medición. Para su implementación exitosa se requiere planificación, capacitación y apoyo de la alta dirección.

DESARROLLO Y GESTIÓN DE EQUIPOS LEAN SIX SIGMA

El desarrollo y gestión de equipos Lean Six Sigma es un proceso crítico para cualquier organización que busque mejorar sus procesos y aumentar la satisfacción del cliente. En este capítulo, discutiremos los aspectos clave del desarrollo y gestión de equipos Lean Six Sigma, incluyendo la formación de equipos, la gestión del cambio, la comunicación efectiva y la medición del rendimiento.

Formación de equipos

La formación de equipos es el primer paso crítico en el desarrollo de un equipo Lean Six Sigma efectivo. Los equipos Lean Six Sigma generalmente se componen de personas de diferentes departamentos y funciones, y pueden incluir tanto empleados de nivel operativo como de nivel de gestión. Es importante que los miembros del equipo tengan habilidades complementarias y que estén dispuestos a trabajar juntos para lograr los objetivos del proyecto.

La formación de equipos generalmente comienza con la selección de los miembros del equipo. Esto implica identificar a los empleados que tienen habilidades específicas y conocimientos en el área de enfoque del proyecto. Por ejemplo, si el proyecto se enfoca en mejorar la eficiencia de la cadena de suministro, es posible que se seleccione a miembros del equipo con experiencia en logística, compras y producción.

Una vez que se ha seleccionado al equipo, es importante que se les brinde la formación necesaria para que puedan entender los conceptos básicos de Lean Six Sigma y aplicarlos en el proyecto. Esto puede incluir cursos de formación en herramientas Lean Six Sigma, como diagramas de Ishikawa y mapas de flujo de valor, así como formación en habilidades blandas, como liderazgo y comunicación.

Gestión del cambio

La gestión del cambio es otro aspecto crítico del desarrollo y gestión de equipos Lean Six Sigma. Los proyectos Lean Six Sigma a menudo implican cambios significativos en los procesos, la tecnología y la cultura de una organización. La resistencia al cambio es común, y puede ser un obstáculo importante para el éxito del proyecto.

Para gestionar el cambio de manera efectiva, es importante comunicar claramente los objetivos del proyecto y los beneficios potenciales de la implementación de Lean Six Sigma. Esto puede incluir la reducción de costos, la mejora de la calidad y la satisfacción del cliente. Es importante involucrar a todos los empleados afectados por el proyecto y proporcionarles la formación y los recursos necesarios para que puedan contribuir al éxito del proyecto.

La comunicación efectiva

La comunicación efectiva es otro factor crítico en el desarrollo y gestión de equipos Lean Six Sigma. La comunicación efectiva es importante para asegurar que todos los miembros del equipo estén alineados en los objetivos del proyecto, comprendan sus roles y responsabilidades y estén dispuestos a trabajar juntos para lograr los objetivos.

La comunicación efectiva también es importante para mantener a todos los interesados informados sobre el progreso del proyecto. Esto puede incluir informes regulares de progreso, actualizaciones de correo electrónico y reuniones de equipo regulares. Es importante que la comunicación sea clara y concisa, y que se adapte al público adecuado. Por ejemplo, es posible que se necesite una comunicación diferente para los empleados de nivel operativo y los ejecutivos de alto nivel.

Medición del rendimiento

La medición del rendimiento es un aspecto crítico del desarrollo y gestión de equipos Lean Six Sigma. Es importante medir el rendimiento del proyecto y los resultados de manera efectiva para determinar si se han logrado los objetivos del proyecto y para identificar áreas de mejora para futuros proyectos.

La medición del rendimiento generalmente implica el seguimiento de las métricas clave del proyecto, como el tiempo de ciclo, el costo, la calidad y la satisfacción del cliente. Estas métricas deben ser medibles y cuantificables, y se deben establecer objetivos específicos para cada una de ellas.

Es importante utilizar herramientas Lean Six Sigma, como el control estadístico de procesos (SPC), para medir y analizar los datos. Esto puede ayudar a identificar patrones y tendencias, y permitir la toma de decisiones basadas en datos.

Además de medir el rendimiento del proyecto, también es importante medir el rendimiento del equipo. Esto puede incluir la medición de la satisfacción del equipo, la efectividad del equipo y el desarrollo de habilidades individuales.

Conclusión

En resumen, el desarrollo y gestión de equipos Lean Six Sigma es crítico para el éxito de cualquier proyecto de mejora de procesos. La formación de equipos efectivos, la gestión del cambio, la comunicación efectiva y la medición del rendimiento son aspectos clave que deben ser considerados para lograr los objetivos del proyecto y mejorar la satisfacción del cliente. Es importante que las organizaciones dediquen los recursos necesarios para desarrollar equipos Lean Six Sigma efectivos y apoyarlos a medida que implementan proyectos de mejora de procesos.

ENTRENAMIENTO Y CERTIFICACIÓN DE PROFESIONALES EN LEAN SIX SIGMA

Para implementar Lean Six Sigma de manera efectiva, es necesario contar con profesionales capacitados y certificados en la metodología. En este capítulo, exploraremos el proceso de entrenamiento y certificación de profesionales en Lean Six Sigma, desde los conceptos básicos hasta los niveles más avanzados de certificación.

Conceptos básicos de Lean Six Sigma

Antes de adentrarnos en el proceso de entrenamiento y certificación, es importante comprender los conceptos básicos de Lean Six Sigma. A continuación, presentamos una breve introducción a algunos de los términos más importantes:

Desperdicio: Cualquier actividad que no agrega valor a un proceso se considera un desperdicio. Los siete tipos de desperdicios más comunes en los procesos son el exceso de producción, el tiempo de espera, el transporte innecesario, el procesamiento innecesario, el inventario innecesario, los movimientos innecesarios y los defectos.

Variabilidad: La variabilidad se refiere a cualquier fluctuación en el proceso que puede afectar negativamente la calidad o la eficiencia. La reducción de la variabilidad es uno de los principales objetivos de la metodología Six Sigma.

DMAIC: DMAIC es la metodología principal utilizada en Lean Six Sigma.

Significa Definir, Medir, Analizar, Mejorar y Controlar. Cada etapa del proceso se enfoca en un aspecto diferente de la mejora continua.

Black Belt: Un Black Belt es un profesional certificado en Lean Six Sigma que ha completado un nivel avanzado de entrenamiento y tiene la capacidad de liderar proyectos complejos de mejora continua.

Green Belt: Un Green Belt es un profesional certificado en Lean Six Sigma que ha completado un nivel intermedio de entrenamiento y tiene la capacidad de liderar proyectos simples de mejora continua.

Niveles de certificación en Lean Six Sigma

Existen varios niveles de certificación en Lean Six Sigma, cada uno con diferentes requisitos y habilidades necesarias. A continuación, presentamos los niveles de certificación más comunes:

Yellow Belt: Un Yellow Belt es un profesional que ha completado una capacitación básica en Lean Six Sigma. Los Yellow Belts tienen una comprensión básica de la metodología y pueden contribuir en proyectos simples de mejora continua.

Green Belt: Como se mencionó anteriormente, un Green Belt es un profesional que ha completado un nivel intermedio de entrenamiento en Lean Six Sigma. Los Green Belts tienen una comprensión más profunda de la metodología y pueden liderar proyectos simples de mejora continua.

Black Belt: Un Black Belt es un profesional que ha completado un nivel avanzado de entrenamiento en Lean Six Sigma. Los Black Belts tienen una comprensión completa de la metodología y pueden liderar proyectos complejos de mejora continua.

Master Black Belt: Un Master Black Belt es un profesional que ha completado un nivel de entrenamiento aún más avanzado en Lean Six Sigma. Los Master Black Belts tienen un conocimiento profundo de la metodología y pueden liderar múltiples proyectos y entrenar a otros profesionales en Lean Six Sigma.

Champion: Un Champion es un líder de la organización que apoya y promueve la implementación de Lean Six Sigma en toda la empresa. Los Champions no están necesariamente certificados en Lean Six Sigma, pero tienen un papel importante en el éxito de la metodología en la organización.

Cada nivel de certificación tiene diferentes requisitos en cuanto a horas de entrenamiento, experiencia práctica y habilidades necesarias para ser certificado. Además, cada nivel de certificación tiene diferentes responsabilidades y expectativas en cuanto a liderar proyectos de mejora continua.

Proceso de entrenamiento en Lean Six Sigma

El proceso de entrenamiento en Lean Six Sigma varía según el proveedor de entrenamiento y la organización que busca la certificación. Sin embargo, en general, el proceso de entrenamiento en Lean Six Sigma consta de los siguientes pasos:

Identificación de la necesidad de entrenamiento: La organización debe evaluar si necesita capacitación en Lean Six Sigma y qué nivel de certificación es necesario para cumplir con sus objetivos de mejora continua.

Selección del proveedor de entrenamiento: La organización debe seleccionar un proveedor de entrenamiento de confianza que ofrezca cursos de capacitación en Lean Six Sigma del nivel necesario.

Capacitación: Los profesionales que buscan la certificación deben completar las horas de entrenamiento requeridas y adquirir las habilidades necesarias para cumplir con los requisitos del nivel de certificación deseado.

Proyecto práctico: Los profesionales deben completar un proyecto práctico de mejora continua que demuestre su habilidad para aplicar la metodología en un entorno real.

Examen de certificación: Los profesionales deben aprobar un examen de certificación que evalúa su conocimiento y habilidades en Lean Six Sigma.

Certificación: Una vez que se cumplen todos los requisitos, el profesional recibe la certificación en Lean Six Sigma en el nivel deseado.

Es importante tener en cuenta que el proceso de entrenamiento y certificación en Lean Six Sigma es un compromiso a largo plazo y requiere una dedicación significativa de tiempo y recursos. Sin embargo, los beneficios de la metodología son igualmente significativos y pueden tener un impacto positivo en toda la organización.

Beneficios de la certificación en Lean Six Sigma

La certificación en Lean Six Sigma puede proporcionar varios beneficios para los profesionales y la organización en general. A continuación, presentamos algunos de los beneficios más comunes:

Mejora de la eficiencia: La metodología Lean Six Sigma se centra en la eliminación de desperdicios y la optimización de procesos, lo que puede resultar en una mayor eficiencia en todas las áreas de la organización.

Reducción de errores: Al enfocarse en la eliminación de variaciones y errores, Lean Six Sigma puede ayudar a reducir el número de errores en los procesos, lo que puede mejorar la calidad de los productos y servicios y reducir los costos asociados con la corrección de errores.

Mejora de la satisfacción del cliente: Al mejorar la calidad de los productos y servicios, Lean Six Sigma puede ayudar a mejorar la satisfacción del cliente y la lealtad a la marca.

Ahorro de costos: La mejora de la eficiencia y la reducción de errores pueden llevar a una reducción de los costos de operación y la mejora de la rentabilidad.

Mejora de la cultura organizacional: Al adoptar Lean Six Sigma como una metodología de mejora continua, las organizaciones pueden crear una cultura de mejora continua que fomente la innovación y la colaboración.

Desarrollo profesional: La certificación en Lean Six Sigma puede ser un valioso activo en el desarrollo profesional de un individuo, lo que puede mejorar sus perspectivas de carrera y oportunidades de crecimiento dentro de la organización.

Desafíos de la implementación de Lean Six Sigma

A pesar de los beneficios potenciales de Lean Six Sigma, la implementación de la metodología puede presentar varios desafíos para las organizaciones. A continuación, presentamos algunos de los desafíos más comunes:

Resistencia al cambio: La implementación de Lean Six Sigma puede requerir cambios significativos en la cultura organizacional y los procesos existentes, lo que puede provocar resistencia al cambio por parte de los empleados y líderes.

Falta de compromiso de la alta dirección: La implementación de Lean Six Sigma requiere el compromiso y el apoyo de la alta dirección para ser efectiva. Si los líderes no están comprometidos con la metodología, puede haber dificultades para implementarla de manera efectiva.

Falta de recursos: La implementación de Lean Six Sigma requiere recursos significativos en términos de tiempo, dinero y personal capacitado. Si una organización no está dispuesta o no tiene los recursos para invertir en la implementación de la metodología, puede ser difícil lograr los beneficios potenciales.

Falta de comprensión: Si los empleados no comprenden la metodología o su importancia para la organización, puede haber dificultades para implementarla de manera efectiva. La educación y la capacitación son fundamentales para garantizar que todos los empleados comprendan y apoyen la implementación de Lean Six Sigma.

Dificultades para medir el éxito: La implementación de Lean Six Sigma requiere una medición y evaluación constante de los procesos para identificar oportunidades de mejora. Si una organización tiene dificultades para medir el éxito o establecer objetivos claros, puede ser difícil implementar la metodología de manera efectiva.

Conclusión

La implementación de Lean Six Sigma puede ser una herramienta valiosa para mejorar la eficiencia, reducir errores, mejorar la calidad y aumentar la satisfacción del cliente. Sin embargo, la implementación exitosa de la metodología requiere un compromiso significativo de tiempo y recursos y puede presentar desafíos para las organizaciones.

La capacitación y certificación en Lean Six Sigma pueden ayudar a los profesionales a adquirir las habilidades necesarias para liderar proyectos de mejora continua y proporcionar un valioso activo en su desarrollo profesional. Además, la educación y la capacitación son fundamentales para garantizar que todos los empleados comprendan la metodología y apoyen su implementación.

Es importante tener en cuenta que Lean Six Sigma no es una solución única para todas las organizaciones o problemas. Cada organización es única y puede requerir una adaptación de la metodología para satisfacer sus necesidades específicas.

Además, es importante recordar que la implementación exitosa de Lean Six Sigma requiere un compromiso continuo con la mejora continua y la cultura organizacional.

En conclusión, la implementación de Lean Six Sigma puede ser una herramienta valiosa para mejorar la eficiencia y la calidad de las operaciones empresariales, y la capacitación y certificación en la metodología pueden proporcionar beneficios significativos para el desarrollo profesional de los individuos y la cultura organizacional. Sin embargo, la implementación efectiva de Lean Six Sigma requiere un compromiso significativo de tiempo, recursos y liderazgo para superar los desafíos que pueden surgir durante el proceso de implementación.

IMPLEMENTACIÓN DE LEAN SIX SIGMA EN DIFERENTES SECTORES INDUSTRIALES: APLICACIONES Y CASOS DE ÉXITO

La implementación de Lean Six Sigma en la industria manufacturera ha sido ampliamente estudiada y documentada. En esta sección, exploraremos algunos casos de éxito en diferentes sub-sectores de la industria manufacturera.

Caso de éxito en la industria automotriz

Toyota es conocida por ser una de las empresas que lideró la adopción de la filosofía Lean en la producción de automóviles. La implementación de Lean Six Sigma en Toyota se centró en la mejora continua de los procesos de producción para reducir el desperdicio y mejorar la calidad de los vehículos.

El enfoque de Toyota en la mejora continua ha llevado a la empresa a convertirse en una de las más eficientes en la producción de automóviles. El enfoque de la empresa en la calidad y la eficiencia ha sido tan efectivo que se ha convertido en un modelo para otras empresas que buscan mejorar sus procesos.

Caso de éxito en la industria alimentaria

La implementación de Lean Six Sigma en la industria alimentaria se ha centrado en mejorar la calidad de los productos, reducir los tiempos de producción y minimizar el desperdicio. Un ejemplo de éxito en la implementación de Lean Six Sigma en la industria alimentaria es el caso de Heinz.

Heinz implementó la metodología Lean Six Sigma en su planta de producción en Escocia, lo que llevó a una reducción del 30% en los costos de producción y un aumento del 10% en la producción. La empresa también logró mejorar la calidad de sus productos, lo que resultó en un aumento de la satisfacción del cliente.

Caso de éxito en la industria farmacéutica

La implementación de Lean Six Sigma en la industria farmacéutica se ha centrado en mejorar la calidad de los productos y reducir los tiempos de producción. Un ejemplo de éxito en la implementación de Lean Six Sigma en la industria farmacéutica es el caso de GlaxoSmithKline (GSK).

GSK implementó Lean Six Sigma en su planta de producción en el Reino Unido, lo que llevó a una reducción del 25% en el tiempo de ciclo de producción y una reducción del 15% en los costos de producción. Además, la empresa logró mejorar la calidad de sus productos, lo que resultó en una mayor satisfacción del cliente.

Implementación de Lean Six Sigma en la industria de servicios

La implementación de Lean Six Sigma en la industria de servicios se ha centrado en mejorar la eficiencia y la calidad del servicio al cliente. En esta sección, exploraremos algunos casos de éxito en diferentes sub-sectores de la industria de servicios.

Caso de éxito en la industria de la banca

La implementación de Lean Six Sigma en la industria bancaria se ha centrado en mejorar la eficiencia del servicio al cliente y reducir los tiempos de espera. Un ejemplo de éxito en la implementación de Lean Six Sigma en la industria bancaria es el caso de Bank of America.

Bank of America implementó Lean Six Sigma en su departamento de préstamos hipotecarios, lo que llevó a una reducción del 30% en el tiempo de procesamiento de préstamos y una reducción del 50% en los costos de procesamiento. Además, la empresa logró mejorar la satisfacción del cliente al proporcionar un servicio más rápido y eficiente.

Caso de éxito en la industria de la atención médica

La implementación de Lean Six Sigma en la industria de la atención médica se ha centrado en mejorar la eficiencia del servicio al paciente y reducir los tiempos de espera. Un ejemplo de éxito en la implementación de Lean Six Sigma en la industria de la atención médica es el caso de Virginia Mason Medical Center.

Virginia Mason Medical Center implementó Lean Six Sigma en su departamento de atención médica, lo que llevó a una reducción del 50% en los tiempos de espera y una reducción del 30% en los costos de atención médica. La empresa también logró mejorar la satisfacción del paciente al proporcionar un servicio más rápido y eficiente.

Caso de éxito en la industria de la logística

La implementación de Lean Six Sigma en la industria de la logística se ha centrado en mejorar la eficiencia de la cadena de suministro y reducir los costos de producción. Un ejemplo de éxito en la implementación de Lean Six Sigma en la industria de la logística es el caso de DHL.

DHL implementó Lean Six Sigma en su departamento de logística, lo que llevó a una reducción del 20% en los costos de producción y una reducción del 30% en los tiempos de entrega. La empresa también logró mejorar la calidad de sus servicios, lo que resultó en una mayor satisfacción del cliente.

Desafíos y consideraciones en la implementación de Lean Six Sigma

Aunque Lean Six Sigma ha demostrado ser un enfoque efectivo para mejorar la calidad y la eficiencia en diferentes sectores industriales, también presenta algunos desafíos y consideraciones importantes que deben abordarse durante su implementación.

Desafíos en la implementación de Lean Six Sigma

Uno de los principales desafíos en la implementación de Lean Six Sigma es el cambio cultural necesario para adoptar esta metodología. Los empleados deben estar dispuestos a cambiar sus procesos y formas de trabajar para lograr los objetivos de mejora de Lean Six Sigma. Además, la implementación de Lean Six Sigma puede requerir una inversión significativa en tiempo y recursos.

Otro desafío en la implementación de Lean Six Sigma es la necesidad de una planificación y gestión cuidadosa para asegurar que los objetivos y resultados de mejora sean alcanzados de manera efectiva.

Consideraciones en la implementación de Lean Six Sigma

Al implementar Lean Six Sigma, es importante tener en cuenta el contexto y las necesidades específicas de cada industria y organización. La metodología debe ser adaptada y personalizada para satisfacer las necesidades únicas de cada empresa.

Además, la capacitación y el desarrollo de habilidades son esenciales para el éxito de la implementación de Lean Six Sigma. Los empleados deben estar capacitados en la metodología y las herramientas de Lean Six Sigma para asegurar que puedan participar efectivamente en el proceso de mejora continua.

Conclusión

La implementación de Lean Six Sigma ha demostrado ser efectiva para mejorar la calidad y eficiencia en diferentes sectores industriales, incluyendo manufactura, atención médica, banca, logística y muchos más. Los casos de éxito presentados en este libro demuestran el impacto positivo que Lean Six Sigma puede tener en la reducción de costos, el aumento de la eficiencia y la mejora de la satisfacción del cliente.

Sin embargo, también se presentan algunos desafíos y consideraciones importantes que deben tenerse en cuenta al implementar Lean Six Sigma. Es esencial que la metodología sea personalizada y adaptada para satisfacer las necesidades únicas de cada organización. Además, el cambio cultural y la inversión de tiempo y recursos pueden ser un desafío, pero son necesarios para alcanzar los resultados de mejora deseados.

En resumen, la implementación de Lean Six Sigma puede ser una herramienta poderosa para mejorar la calidad y eficiencia en cualquier sector industrial. Al abordar los desafíos y consideraciones y personalizar la metodología para satisfacer las necesidades de la organización, se puede lograr un impacto positivo en la satisfacción del cliente, la reducción de costos y la mejora de la eficiencia.

ACERCA DEL AUTOR

Ingeniero Industrial y de Sistemas

Maestría en Administración con Calidad y Productividad

3 Certificaciones

2 Estudios Técnicos

Más de 20 cursos de capacitación

Ganador del Singapore Cooperation Programme (ITE)

Instructor, ingeniero, creador de contenido y escritor.
Descubre la industria moderna de la mano del ingeniero más polémico.
Taller del inge

I. Laisequilla

Author / Engineer

www.ingramcontent.com/pod-product-compliance
Lightning Source LLC
Chambersburg PA
CBHW070851160726
48004CB00003B/1028